Holger Weitzel / Steffen Schaal (Hrsg.)

Biologie unterrichten: planen, durchführen, reflektieren

Die Autor*innen

Petra Baisch, Dr., Dipl.-Pädagogin, lehrt und forscht als Akademische Oberrätin an der PH Ludwigsburg.

Anke Meisert, Prof. Dr., lehrt und forscht an der Uni Hildesheim.

Sonja Schaal, Dr., lehrt und forscht als Akademische Rätin an der PH Ludwigsburg.

Steffen Schaal, Prof. Dr., lehrt und forscht an der PH Ludwigsburg.

Ulrike Spörhase, Prof. Dr., lehrt und forscht an der PH Freiburg.

Holger Weitzel, Prof. Dr., lehrt und forscht an der PH Weingarten.

Holger Weitzel / Steffen Schaal (Hrsg.)

Biologie unterrichten: planen, durchführen, reflektieren

Cornelsen

Projektleitung: Dorothee Weylandt, Berlin
Redaktion: Stefan Giertzsch, Werder (Havel)
Umschlagkonzept: Kerstin Zipfel, München
Umschlaggestaltung: LemmeDESIGN, Berlin
Umschlagfoto: Shutterstock.com/Halfpoint
Layout / technische Umsetzung: LemmeDESIGN, Berlin
Sachzeichnungen: Rainer Josef Fischer, Berlin

www.cornelsen.de

6. Auflage, 2. Druck 2025

Druck: Esser printSolutions GmbH, Bretten

ISBN 978-3-589-16718-0

PEFC
PEFC/04-31-2851

PEFC-zertifiziert
Dieses Produkt stammt aus nachhaltig bewirtschafteten Wäldern und kontrollierten Quellen
www.pefc.de

Inhaltsverzeichnis

Vorwort

Die Planung und Durchführung von Unterricht gehört zum Kerngeschäft jeder Lehrkraft. Der Aufbau der dafür notwendigen Kompetenzen ist eine herausfordernde Aufgabe, die viel Zeit und Engagement beansprucht und die mit der Beendigung eines Qualifizierungsschritts (Master, Staatsexamen) lange nicht abgeschlossen ist.

Wir möchten Ihnen mit diesem Buch eine Arbeitshilfe bereitstellen, die Sie auf dem Weg zur Entwicklung professioneller Planungs- und Handlungskompetenz unterstützt, und konzentrieren uns dazu auf *die tägliche Unterrichtsplanung*. Damit das Buch dieser Zielsetzung gerecht werden kann, haben wir die Auswahl der Themen und deren Darstellung auf jene Aspekte zugeschnitten, die nach unserer Ansicht grundsätzlich dafür benötigt werden. Dazu zählen die fachdidaktisch reflektierte *Auswahl und Anordnung von Unterrichtsinhalten*, die *Formulierung von Unterrichtszielen* für Unterrichtseinheiten und -stunden (Kapitel 2 und 3) sowie Möglichkeiten der *methodisch angemessenen Gestaltung* von Biologieunterricht (Kapitel 4). Dazu gehören aber auch die Fähigkeiten zur *Diagnose des Lernstands* der Schülerinnen und Schüler, zur kriteriengeleiteten, fachdidaktisch vertieften *Beobachtung von Biologieunterricht* und zur *Reflexion* der eigenen Planung sowie des eigenen Handelns (Kapitel 5). Ohne *Vorstellungen von „gutem“ Biologieunterricht,* die auf einer *Haltung zu Biologieunterricht* beruhen und die entwicklungspsychologisch, lerntheoretisch und fachdidaktisch begründet sein sollten, ist eine fundierte Reflexion nicht möglich. Daher geben wir Anstöße hierzu in Kapitel 1.

Wir sind uns bewusst, dass wir mit unserer Arbeit nicht das ganze Spektrum des Biologieunterrichts abdecken. Auch haben wir nur einen kleinen Teil der empirischen Befunde angeführt, die wir zu den einzelnen Themen hätten benennen können. Für beides existieren aber eine Reihe sehr guter Quellen zur fachdidaktischen Vertiefung, die wir Ihnen ergänzend zu unserem Planungsband empfehlen.

Holger Weitzel
Steffen Schaal

In diesem Buch werden – auch im Sinne der Lesbarkeit – unterschiedliche Formen des Genderns verwendet. Unabhängig davon sind immer alle Personen aller (auch nicht-binären) Geschlechter gleichermaßen gemeint.

1 Biologieunterricht planen

Holger Weitzel

Thema dieses Buches ist die Planung, Durchführung und Reflexion von Biologieunterricht. Dazu werden in diesem ersten Kapitel in aller Kürze ausgewählte Kriterien für fachbezogene Unterrichtsqualität beschrieben, die in den folgenden Kapiteln wieder aufgegriffen und für die Praxis nutzbar gemacht werden sollen.

Guter Biologieunterricht ist dadurch gekennzeichnet, dass Schülerinnen und Schüler biologiebezogene Kompetenzen erlernen. Inwieweit dieses Ziel erreicht wird, hängt wesentlich ab von der Unterrichtsgestaltung, von der Wahrnehmung des Unterrichts durch die Lernenden und von der Qualität der Lehrkraft. Allgemein- und fachdidaktische Forschung konnte in den letzten Jahren drei Basisdimensionen identifizieren, die die Qualität des Unterrichts beschreiben: *Klassenführung, konstruktive Unterstützung* und *kognitive Aktivierung* (KUNTER/TRAUTWEIN 2013).

Klassenführung umfasst beispielsweise die effiziente Nutzung der begrenzten Unterrichtszeit, respektvollen Umgang miteinander oder den effektiven Umgang mit Unterrichtsstörungen usw.

Konstruktive Unterstützung ist dann gegeben, wenn im Unterricht ein positives Klassenklima gegeben ist, die Lehrkraft Einfühlungsvermögen für ihre Schülerinnen und Schüler zeigt oder konstruktiv mit Fehlern umgeht. Während die Basisdimensionen *Klassenführung* und *konstruktive Unterstützung* eher unabhängig vom konkreten Fach sind und damit für jedweden Unterricht gelten (DORFNER ET AL. 2017), ist *kognitive Aktivierung* eher fachspezifisch zu betrachten.

Kognitive Aktivierung umfasst alle Merkmale des Unterrichts, die die Wahrscheinlichkeit erhöhen, dass sich Schülerinnen und Schüler vertieft mit einem Unterrichtsgegenstand auseinandersetzen (s. Tab. 1). Merkmale kognitiver Aktivierung betreffen die Wahl von Aufgaben (Kap. 4.7) ebenso wie die Einbettung der Aufgaben etwa in das Unterrichtsgespräch (Kap. 4.3), da anspruchsvolle Aufgaben erst dann ihre volle Wirksamkeit entfalten können, wenn diese anschließend intensiv und unter Berücksichtigung bestimmter Merkmale (Tab. 1) in den Unterricht einbezogen werden (NEUHAUS/STEFFENSKY 2018).

Merkmale kognitiv aktivierender Aufgaben	Merkmale kognitiver Aktivierung im Unterrichtsprozess
Werden Aufgaben oder Aktivitäten gestellt, die zum Denken anregen?	Werden die Vorstellungen (nicht nur das Vorwissen, s. Kap. 3) in die Unterrichtsgestaltung einbezogen?
Besitzen die Aufgaben ein angemessenes Anforderungsniveau (s. Kap. 4.7) und erfordern nicht nur die Reproduktion von Wissen?	Fordert die Lehrkraft z. B. im Unterrichtsgespräch Begründungen ein?
Passen die Aufgaben oder Aktivitäten zum Thema?	Regt die Lehrkraft die Lernenden an, über Daten nachzudenken, zu diskutieren und diese zu interpretieren?
Nehmen die Aufgaben oder Aktivitäten Bezug zu den Basiskonzepten der Biologie?	Regt die Lehrkraft dazu an, Zusammenhänge herzustellen oder Unterrichtsergebnisse zu verallgemeinern?
	Regt die Lehrkraft dazu an, das in der Unterrichtsstunde erlernte Wissen auf weitergehende Fragestellungen anzuwenden?

Tab. 1: Liste von Merkmalen kognitiver Aktivierung, verkürzt und adaptiert aus STEFFENSKY/NEUHAUS (2018)

1.1 Was guten Biologieunterricht auszeichnet

Guter Biologieunterricht baut Kompetenzen auf

Guter Biologieunterricht zeichnet sich dadurch aus, dass die Schüler*innen zunehmend im Laufe ihrer Schulzeit – das bedeutet konkret über Schuljahre hinweg – lernen, biologisches Wissen zu nutzen, um Lösungen für alltagsnahe naturwissenschaftliche Aufgabenstellungen zu entwickeln, ihr Wissen und ihre Lösungen anderen mitzuteilen sowie diese zu reflektieren. Entscheidender Ertrag des Biologieunterrichts ist folglich die Fähigkeit der Lernenden zum handelnden Umgang mit Fachwissen in variablen Situationen, in denen dieses Fachwissen produktiv eingesetzt werden kann. Wissen und Handeln sind nach einer solchen Vorstellung eng miteinander verzahnt. Um dieser Verzahnung Ausdruck zu verleihen, wird für diese handlungsbezogene Bedeutung von Wissen der Terminus *Kompetenz* verwendet. Kompetenzen beinhalten daher einerseits bereichsspezifische Kenntnisse (z. B. Aufbau des optischen Apparates), andererseits aber auch Fähigkeiten (z. B. Lösung einer biologischen Fragestellung durch Entwicklung eines Experimentalansatzes), fachübergreifende Fertigkeiten (z. B. Informationsentnahme aus Texten) und Strategien (z. B. 5-Schritt-Lesemethode).

Im deutschsprachigen Bereich hat sich als Standarddefinition des Ausdrucks Kompetenz Weinerts Definition etabliert, die für eine schulische Nutzbarkeit jedoch heruntergebrochen werden muss. „[Kompetenzen sind] die bei Individuen verfügbaren oder durch sie erlernbaren kognitiven Fähigkeiten und Fertigkeiten, um bestimmte Probleme zu lösen, sowie die damit verbundenen motivationalen, volitionalen (also absichts- und willensbezogenen, Anm. d. Autors) und sozialen Bereitschaften und Fähigkeiten, um die Problemlösungen in variablen Situationen erfolgreich und verantwortungsvoll nutzen zu können" (WEINERT 2001, 27 f.).

In den Bildungsstandards für den mittleren Schulabschluss (KMK 2004) sind die für den Biologieunterricht leitenden Kompetenzen formuliert und in die darauf aufbauenden Bildungs- und Lehrpläne eingeflossen. Der Einteilung der Bildungspläne folgend werden vier Kompetenzbereiche *(Fachwissen, Erkenntnisgewinnung, Kommunikation* und *Bewertung)* unterschieden. In diesen vier Bereichen werden sukzessiv, systematisch und kumulativ Fähigkeiten aufgebaut (KLIEME 2004, 12). Kompetenzen haben deshalb wenig gemein mit fachsystematisch angeordneten (und oft überfrachteten) Inhaltslisten, die Lerninhalte meist additiv und ohne Bezug zueinander darstellen. 2020 wurden von der KMK Bildungsstandards für die Allgemeine Hochschulreife vorgelegt (KMK 2020), in denen der Kompetenzbereich Fachwissen durch Sachkompetenz ersetzt wurde und die ab dem Schuljahr 2022/23 dann sukzessive eingeführt werden. Sie lösen die einheitlichen Prüfungsanforderungen für das Abitur ab.

Auch wenn die Erforschung fachspezifischer Qualitätsmerkmale von Unterricht in den nächsten Jahren noch einige bedeutsame Erkenntnisse zur Qualität von Biologieunterricht zutage fördern wird, so erlauben wir uns auf den nächsten Seiten doch, jene Merkmale zu präsentieren, über die Einigkeit besteht und deren Beachtung Ihnen in jedem Falle helfen können, guten Biologieunterricht zu planen und durchzuführen.

Guter Biologieunterricht braucht konzeptuelles Fachwissen

Die Qualität des Biologieunterrichts hängt wesentlich davon ab, was die Lehrkraft über das Fach weiß. Nur auf dieser Grundlage kann Unterricht überhaupt sinnstiftend geplant und durchgeführt werden. Dabei kommt es nicht auf die schiere Menge fachlicher Details an, die eine Person wiedergeben kann (dann wären Fachbiologen per se die besseren Lehrkräfte), sondern auf die Verfügbarkeit konzeptuellen Wissens. Konzeptuelles Wissen meint Wissen, das Detailkenntnisse in ein übergeordnetes funktionelles

Netz einbindet, sodass dieses Wissen zur Lösung von Fragen anwendungsbezogen eingesetzt werden kann.

- **Struktur und Funktion**
Biologische Strukturen bedingen ihre Funktion. Dieser Zusammenhang wird durch das Basiskonzept Struktur und Funktion beschrieben und ist für alle biologischen Organisationsebenen bedeutsam. Biologische Prinzipien wie Kompartimentierung, Oberflächenvergrößerung oder Gegenspielerprinzip lassen sich dem Basiskonzept zuordnen.
- **Stoff- und Energieumwandlung**
Lebewesen sind offene, sich selbst organisierende Systeme, die über Stoffaufnahme, -umwandlung und -ausscheidung im ständigen Austausch mit der Umwelt stehen. Biologische Prinzipien wie Fließgleichgewicht, Stoffkreislauf, Energieentwertung, energetische Kopplung können diesem Basiskonzept zugeordnet werden.
- **Information und Kommunikation**
Lebewesen nehmen Informationen auf, wandeln sie in eine für sie verständliche Sprache (z. B. neuronale Erregungen) um, verarbeiten und speichern Informationen und reagieren auf sie. Information und Kommunikation findet auf allen biologischen Organisationsebenen, also auch zwischen Organismen statt.
- **Steuerung und Regelung**
Lebewesen halten Zustandsgrößen in engen Grenzen konstant, indem diese funktionsbezogen angepasst werden. Prinzipien dieses Basiskonzepts sind bspw. positive und negative Rückkopplung, Homöostase.
- **Individuelle und evolutive Entwicklung**
Lebewesen verändern sich über unterschiedliche Zeiträume und im Zusammenhang mit Einflüssen aus der Umwelt. Zu unterscheiden ist die individuelle Entwicklung von der evolutiven Entwicklung. Genetische Variation und Selektion sind wichtige Ursache für den Artwandel. Biologische Prinzipien dieses Basiskonzepts sind bspw. Zelldifferenzierung, Reproduktion und Selektion.

Tab. 2: Basiskonzepte für den Biologieunterricht aus den Bildungsstandards für die Allgemeine Hochschulreife (KMK 2020, S. 18 f., adaptiert)

Die von der KMK formulierten Basiskonzepte stellen Konzentrate fachlichen Wissens dar, die für die Lehrkraft das Netz aufspannen, in das die verfügbaren oder zu erlernenden Fachkenntnisse produktiv eingebettet werden können. Die in den Bildungsstandards für die Allgemeine Hochschulreife benannten Basiskonzepte (Tab. 2) sind die derzeit aktuellste Variante der Ausformulierung von Basiskonzepten und erscheinen hinreichend differenziert, um sowohl für die Sekundarstufe I und II verwendet zu werden.

Auf dieser Basis können Kernideen für den Unterricht identifiziert werden (siehe Abb. 1), die als Grundlage zur inhaltlichen Strukturierung von Biologieunterricht fungieren können. Das Basiskonzept „Information und

Kommunikation“ macht es beispielsweise nötig, über die Grundlagen der Verarbeitung von Sinnesreizen nachzudenken. Dieser Denkprozess führt zu dem Ergebnis, dass Reize nur dann zu einem mentalen Erlebnis führen können, wenn sie zuvor in die Sprache des Nervensystems – neuronale Erregungen – übersetzt worden sind. Diese Feststellung ist beispielsweise Voraussetzung dafür, die verbreitete Schülervorstellung der Reizweiterleitung als solche zu erkennen und geeignete Lernangebote zu planen. Die Signaltransduktion (Basiskonzept Information und Kommunikation) wird in der Regel von Hilfsstrukturen begleitet und unterstützt (Auge, Ohr, Nase, …), die Transduktion findet an spezialisierten Zellen statt, die entweder selbst Nervenzellen sind oder Nervenzellen erregen. Welches mentale Erlebnis entsteht, ist davon abhängig, wo die Erregungen im Gehirn eintreffen und an welche verfügbaren Erfahrungen sie angebunden werden können.

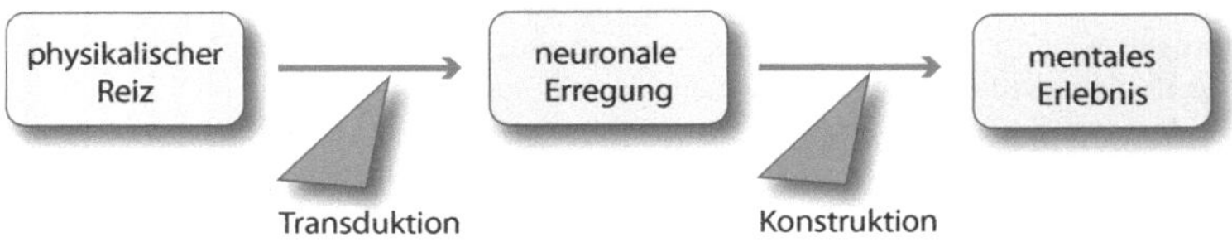

Abb. 1: „Informationsverarbeitung“ aus dem Basiskonzept „Information und Kommunikation“ konzeptuell aufgearbeitet (vgl. Kap. 2)

Guter Biologieunterricht knüpft an Vorstellungen an

Lernende bringen zu vielen Themen des Biologieunterrichts eigene Vorstellungen mit, die sich zum Teil erheblich von den im Unterricht zu erlernenden Vorstellungen unterscheiden (siehe Kap. 3). So stellen sich Lernende beispielsweise vor, dass Sehen funktioniert, indem das Auge etwas „anguckt“ (vgl. Gropengiesser 2002). Da diese Alltags-, Schüler- oder vorunterrichtlichen Vorstellungen tief verwurzelt sind, können sie nicht einfach beseitigt werden, indem die Lehrkraft den Lernenden die „richtige“, also fachliche Vorstellung präsentiert. Im Biologieunterricht muss vielmehr gelernt werden, in welchen Kontexten Alltags- oder fachliche Vorstellungen produktiv verwendet werden können. Für Lehrkräfte bedeutet dies, sich bei der Planung von Unterricht bewusst zu sein, dass sie auf vorunterrichtliche Vorstellungen stoßen können, die ihnen zunächst unbekannt sind. Sie können dem beispielsweise begegnen, indem sie im Unterricht die Vorstellungen der Lernenden gezielt erheben (vgl. Riemeier et al. 2014) und diese dann als Aufgaben in den Unterricht einbringen (vgl. Kap. 4.7). Auch existieren etwa mit dem Learning-Cycle (Weitzel 2010) Unterrichtskonzepte

Die Sonne geht auch für Physiker auf, obwohl diese es eigentlich besser wissen

zur Gestaltung von Lernwegen, die von vorunterrichtlichen zu fachlichen Vorstellungen leiten können.

Der Einbezug der Lernvorstellungen hat zudem Einfluss auf die Wahl der Kontexte, auf die sich der Biologieunterricht bezieht. Für eine kontextspezifische Anwendung von Vorstellungen ist es nämlich sinnvoll, im Biologieunterricht auf Kontexte zurückzugreifen, die dem Erfahrungsraum der Lernenden entspringen (vgl. Kap. 4.7).

Guter Biologieunterricht geht produktiv mit Fehlern um

„Aus Fehlern wird man klug." Dieses Sprichwort gilt überall, nur anscheinend nicht im Unterricht. Dort werden Fehler häufig recht schnell – nonverbal, verbal oder durch Noten – abgestraft. Ein Qualitätskriterium für guten Biologieunterricht ist es, Fehler nicht sofort zu sanktionieren, sondern sie als Lernchancen zu begreifen (Basisdimension *Konstruktive Unterstützung*). Das ist möglich, indem im Unterricht Phasen geschaffen werden, die explizit als bewertungsfrei deklariert werden.

Als Faustregel kann gelten, im Unterricht so viele bewertungsfreie Lernsituationen zu schaffen wie möglich. Verbunden mit einem durch gegenseitigen Respekt gekennzeichneten Umgangston trägt dieses Kriterium wesentlich zu einem lernförderlichen Unterrichtsklima bei.

Guter Biologieunterricht fordert zum Denken heraus

Ein am Aufbau von Kompetenzen orientierter Biologieunterricht ist durch die Festlegung auf einen Kompetenzschwerpunkt gekennzeichnet, der im Rahmen einer Unterrichtsstunde gefördert werden soll (vgl. Kap. 2, Kap. 3). Der Biologieunterricht wird dabei so geplant, dass in dessen Verlauf Möglichkeiten für die Lernenden geboten werden, handelnd mit ihrem Wissen umzugehen und zu Lernprodukten zu kommen, die es der Lehrkraft und den Lernenden ermöglichen, die Lernleistung zu reflektieren (vgl. Kap. 5). So werden in der in Kap. 3 entworfenen Unterrichtsstunde von den Lernenden Versuchsansätze geplant, mit deren Hilfe die Eignung unterschiedlicher Linsen zur Korrektur von Sehfehlern erprobt werden kann. Der dort angesprochene fachliche Inhalt könnte auch in wesentlich kürzerer Zeit behandelt werden. Die Zielstellung, die die Entwicklung von Versuchsansätzen und die Übertragung des am Modell entwickelten Wissens auf das Original erfordert, braucht jedoch Zeit. Im Unterschied zu einem Lehrervortrag hat dieses Vorgehen im „Schneckentempo" den Vorteil einer *hohen kognitiven Aktivierung* der Lernenden – oder vereinfacht: Um die Aufgabe zu lösen, müssen die Lernenden denken.

Zum Lernen ist Denken notwendig

Guter Biologieunterricht enthält ausreichend Übungsphasen
Lernen braucht Raum, Zeit und Übung. Übungsphasen kommen im Biologieunterricht häufig zu kurz, weil es für Lehrkräfte nicht selten schwierig ist, an Aufgaben zu kommen, die auf ihren Unterricht und ihre Klasse zugeschnitten sind. Zudem fühlen sich viele Lehrkräfte unter Zeitdruck und befürchten, „mit dem Stoff nicht durchzukommen" und die Lernenden nicht hinreichend auf Prüfungen vorzubereiten. Als schnelle Lösung für das erste dieser Probleme bietet es sich an, Aufgaben aus aktuellen Schulbüchern oder aus Klassenarbeiten heranzuziehen und diese (etwa der Anleitung in Kap. 4.7 folgend) in *Anwendungsaufgaben* umzugestalten. Wenn Lehrkräfte dafür die Zeit nicht aufbringen können, bietet sich der Blick auf das Angebot verschiedener Verlage an, die mittlerweile auch Aufgaben mit gestuften Lernhilfen im Angebot führen.

Als Lösung für das subjektive Gefühl des Zeitmangels möchten wir Sie darauf hinweisen, dass zentrale Abschlussprüfungen in der Regel nur zum Ende der Mittel- und der Oberstufe vorgesehen sind. Es bleibt in der Zeit dazwischen jeder Lehrkraft überlassen, welche inhaltlichen Schwerpunkte sie setzt und wie viel Zeit sie für diese Schwerpunkte aufwendet.

Guter Biologieunterricht ist methodisch variabel
In Ausbildungssituationen wird von Referendaren oft eine sogenannte „problemorientierte" Unterrichtsstunde erwartet (vgl. Kap. 3 und MEISERT 2012). Diese Fokussierung ist aufgrund der Bedeutung forschend-entwickelnden Unterrichts für die Naturwissenschaften nachvollziehbar. Guter Biologieunterricht zeichnet sich aber durch methodische Variation aus, die durch das Setzen von Schwerpunkten auf ausgewählte Kompetenzen begründet ist. Biologieunterricht eröffnet nicht zuletzt aufgrund der großen Vielfalt seiner Themen, die bis in die Bioethik, Gesundheitserziehung oder Umweltbildung hineinreichen, erhebliche Chancen zur variablen Planung und Durchführung. Andererseits hat methodische Vielfalt allein keine Auswirkung auf die kognitiven Ergebnisse des Unterrichts (KLIEME 2020). Die Methodenwahl begründet sich stets vor dem Hintergrund der zu erreichenden Unterrichtsziele.

Guter Biologieunterricht verwendet Fachbegriffe überlegt und sparsam
Das Erlernen von Fachwörtern gilt als selbstverständliches Element des Fachunterrichts. Dem stimmen wir zu, möchten jedoch darauf hinweisen, dass nicht die pure Existenz eines Fachwortes seine Einführung im Unterricht rechtfertigt. Zum einen können Fachwörter Lernhindernisse darstel-

len, die das Erlernen fachlicher Konzepte erschweren können. Beispielsweise erklären Lernende evolutive Prozesse häufig mit dem Fachwort „Anpassung". Lehrkräfte gehen oft implizit davon aus, dass das Verständnis, das Lernende mit diesem Wort verbinden, mit dem fachlichen Verständnis übereinstimmt, und fahren im Unterricht fort. Es konnte jedoch gezeigt werden, dass Lernende unter evolutiver Anpassung einen absichtsvollen und zielgerichteten Prozess verstehen („passen sich an, um zu überleben"), während das fachliche Konzept von einem Selektionsprozess auf der Grundlage der genetischen Variation von Lebewesen ausgeht.

Zum anderen kann die vorschnelle Einführung von Fachwörtern die Anbindung der aufgebauten Kompetenzen an die Alltagserfahrung der Lernenden behindern und im Unterricht demotivieren. Als Faustregel kann daher gelten, Fachwörter sehr bewusst und auf Grundlage einer didaktischen Konstruktion (vgl. Kap. 3) auszuwählen und sie erst am Ende des jeweiligen Unterrichtsprozesses einzuführen.

Im folgenden Kapitel werden auf den beschriebenen Grundannahmen Planungsüberlegungen zu einem gemeinsamen Thema – dem Sehen – ausgeführt.

Checkliste – Merkmale guten Biologieunterrichts

Guter Biologieunterricht …

… fördert den Aufbau von Kompetenzen durch einen handelnden Umgang mit Fachwissen in variablen Situationen,
… vernetzt Detailwissen über Basiskonzepte und fördert kumulatives Lernen,
… knüpft an das Vorwissen der Lernenden an und legt Wert auf eine sinnstiftende Kommunikation,
… wählt Unterrichtskontexte wo immer möglich aus dem Erfahrungsraum der Lernenden,
… nutzt Fehler als Lernchancen,
… kommt im Schneckentempo voran, weil er zum Nachdenken herausfordert und auf Verständnis abzielt,
… enthält genügend Übungsphasen,
… verwendet Fachbegriffe überlegt und sparsam,
… ist methodisch variabel,
… nutzt fachgemäße Denk- und Arbeitsweisen vielfältig (vgl. Kap 4),
… legt Wert auf die Qualität von Aufgaben (Kap. 4.7) und
… gründet stets auf einer fachlich korrekten didaktischen und methodischen Konstruktion (vgl. Kap. 2 und 3).

2 Eine Unterrichtseinheit planen

Steffen Schaal

Die Planung einer Unterrichtseinheit wird von einer Reihe curricularer, struktureller und organisatorischer Faktoren ebenso beeinflusst wie von den Voraussetzungen der Lernenden und den Zielsetzungen der Lehrkraft. In diesem Kapitel werden zunächst die Ebenen der Planung von Unterrichtseinheiten beschrieben, bevor der Planungsprozess in einzelnen Schritten vorgestellt wird.

Wissenszunahme ist nur ein Teilbereich des Unterrichtserfolgs. Erst die Förderung der Fähigkeit zum handelnden Umgang mit Wissen macht Lehr-Lern-Prozesse erfolgreich

„Unterricht ist gelungen, wenn man danach mehr weiß als davor", das dürfte eine weit verbreitete Meinung zu gutem und erfolgreichem Unterricht sein. Unterrichtsziele lassen sich bei einer solchen Sichtweise leicht definieren und der inhaltsbezogene Unterrichtserfolg einer Stunde oder einer ganzen Unterrichtseinheit ist einfach zu ermitteln.

Guter Biologieunterricht ist jedoch vielschichtiger und hat das Ziel, anwendbares Wissen aufzubauen, um es aktiv und in variablen Situationen anwenden zu können. Damit leistet der Biologieunterricht einen wichtigen Beitrag zu einer naturwissenschaftlichen Grundbildung *(Scientific Literacy).*

„Alles schön und gut, aber was bedeutet diese Vielschichtigkeit des Biologieunterrichts für meine Unterrichtsplanung? Kann ich in meinem Unterricht den Schüler*innen gerecht werden, gleichzeitig die Bildungsstandards berücksichtigen, Kompetenzen fördern und auch noch anschlussfähiges Wissen vermitteln? Und das bei einem Inhalt, den ich selbst erst einmal fachlich vertiefen muss …". Es ist nicht leicht, all diese Anforderungen unter einen Hut zu bekommen, und der Wunsch nach „Unterrichtsrezepten" ist durchaus nachvollziehbar. So führt die Prämisse, dass Schüler*innen beispielsweise in jeder Biologiestunde konkret handelnd mit Lerngegenständen umgehen sollen, nicht notwendigerweise zu guten Lernergebnissen. Nur weil Lernende einen praktischen Versuch durchführen, müssen sie dazu nicht kognitiv aktiv sein.

Die Inhalte und die Zielsetzungen des Biologieunterrichts sind so unterschiedlich wie die Schüler*innen samt ihren Lernvoraussetzungen, sodass simple Rezepte nicht zu gutem Biologieunterricht führen. Vielmehr ist ein didaktisch reflektierter Planungsprozess nötig, der mit der Jahresplanung beginnt und in der Planung einer Unterrichtsstunde mündet. Die Verantwortung der Lehrkraft liegt nun darin, den curricularen Vorgaben folgend den individuellen Planungs- und Gestaltungsspielraum zum Nutzen der Lernenden verantwortlich und fachdidaktisch begründet auszuschöpfen.

Die Planung von Biologieunterricht beginnt mit einer didaktisch begründeten Festlegung von erwarteten Ergebnissen eines biologiebezogenen Lehr-Lern-Prozesses. Dazu orientiert sich der Planungsprozess vor allem

- an den Erkenntnissen der Biowissenschaften,
- an Erkenntnissen zur Gestaltung von erfolgreichen Lehr-Lern-Prozessen aus der Biologiedidaktik,
- an strukturell-organisatorischen Voraussetzungen und
- an den Voraussetzungen der Lernenden, deren Heterogenität und an der Vielfalt der für sie geeigneten Lernwege.

Die Orientierung der mittel- und langfristigen Unterrichtsplanung an Kompetenzmodellen ermöglicht Schwerpunktsetzungen

Aus dieser Aufzählung wird deutlich, dass die Planung von Biologieunterricht stets vielschichtige Aushandlungs- und Abwägungsprozesse notwendig macht. Ein solcher Prozess kann insbesondere für Berufseinsteiger*innen und fachfremd unterrichtende Lehrkräfte durch eine strukturierte Vorgehensweise unterstützt werden. Dies beinhaltet zunächst die Kenntnis der unterrichtsbezogenen Strukturzusammenhänge und der relevanten Ebenen der Unterrichtsplanung, innerhalb deren eine Lehrkraft mehr oder weniger Entscheidungsspielraum hat. Vor diesem Hintergrund schließt sich eine schrittweise Auswahl relevanter Inhalte einer Unterrichtseinheit und deren planvolle Abfolge an.

Dabei wird von einer Lehrkraft ein hohes Maß an Flexibilität erwartet sowie die Fähigkeit und Bereitschaft zur Reflexion des eigenen unterrichtlichen Handelns.

Exkurs: Reflexivität als professionelle Kompetenz von Lehrkräften

Neuweg (2005) sieht eine Lehrkraft dann als professionell an, wenn sie *„weder aufgrund [ihres] Wissens noch aufgrund des schlichten Ausmaßes [ihrer] Erfahrung, sondern erst, wenn [sie] zudem einen analytischen Habitus ausgeprägt hat, also bereit ist, [ihre] Handlungspraxis regelmäßig zu analysieren, zu evaluieren und gegebenenfalls zu verändern“* (S. 220). Somit sind Planung, Durchführung und Reflexion von (Biologie-)Unterricht untrennbar miteinander verbunden.

Unter Reflexion ist hier zu verstehen *„ein Prozess des strukturierten Analysierens, in dessen Rahmen zwischen den eigenen Kenntnissen, Fähigkeiten, Einstellungen/Überzeugungen und/oder Bereitschaften und dem eigenen, situationsspezifischen Denken und Verhalten (z. B. bei der Betrachtung einer Situation, der Bearbeitung einer Aufgabe oder als SchülerIn/Lehrkraft […] im Unterricht […]) eine Beziehung hergestellt wird, mit dem Ziel, die eigenen Kenntnisse, Einstellungen … und/oder das eigene Denken und Verhalten (weiter-)zuentwickeln.“* (von Aufschnaiter/Fraij/Kost 2019, S. 148).

So bringt jede Lehrkraft eine Reihe persönlicher Dispositionen (z. B. Wissen, Erwartungen und Überzeugungen) in die Gestaltung von Lehr-Lern-Prozessen ein, welche das unterrichtliche Handeln maßgeblich beeinflussen. Zusammen mit der Fähigkeit zur kriteriengeleiteten Beobachtung unterrichtlicher Situationen, deren Deutung und Ursachenanalyse sowie dem Ableiten von Konsequenzen und/oder Handlungsalternativen für die künftige Gestaltung des Unterrichts entwickelt eine Lehrkraft die oben genannte Professionalität. Neben einer klaren Kriterienorientierung (z. B. Beitrag des Biologieunterrichts zur allgemeinen Bildung, Zielsetzung einer Unterrichtseinheit, Aufbau von Kompetenzfacetten) spielen dabei stets auch die Vergegenwärtigung eigener Voraussetzungen sowie der fortlaufende Diskurs eine wichtige Rolle, sowohl im Studium wie auch in der Berufspraxis. Ausführlich wird hierauf in Kapitel 5 eingegangen.

2.1 Ebenen der Unterrichtsplanung

Wenn von Unterrichtsplanung die Rede ist, so finden sich sowohl in der fachdidaktischen Literatur als auch in den Assoziationen Lehrender vornehmlich Überlegungen zur Planung einzelner Unterrichtsstunden. Die tatsächliche Planungsarbeit einer Lehrkraft umfasst – insbesondere bei einer Orientierung an Modellen zur Kompetenzorientierung – deutlich längere Zeiträume, wie beispielsweise Unterrichtseinheiten oder sogar ganze Schuljahre.

Dabei stellt sich die grundsätzliche Frage, welche Ziele der Biologieunterricht mit Blick auf die Adressat*innen verfolgt (siehe dazu auch Kapitel 1 und 5).

Ein übergreifendes Ziel des Biologieunterrichts sollte für alle Adressat*innen dasselbe sein: Grundlegende biowissenschaftliche Kenntnisse, Fähigkeiten und Fertigkeiten dienen dazu, im alltäglichen Leben reflektierte und begründete Handlungsentscheidungen treffen zu können (vgl. Arnold et al. 2019). Gerade vor dem Hintergrund der „epochaltypischen Schlüsselprobleme“ (Klafki 1996, S. 56), beispielsweise der Umgang mit den Herausforderungen des Klimawandels, der Digitalität und der Notwendigkeit, Informationen in den (sozialen) Medien angemessen bewerten zu können, müssen auch im Biologieunterricht stets der Bildungsauftrag und die damit verbundenen Relevanzüberlegungen von Bildungsinhalten im Blick behalten werden. Für einen Teil der Adressat*innen kommt noch dazu, dass sie auf ein (bio-)wissenschaftliches Studium vorbereitet werden.

Die Auseinandersetzung mit den Leistungen des Sinnessystems des Menschen beispielsweise findet sich in allen deutschen Bildungs- und Lehrplänen in unterschiedlicher Ausprägung. Neben der grundlegenden Funktion der Sinne auf verschiedenen Organisationsebenen (Molekül, Organell, Zelle, Gewebe, Organ, Organsystem, …) zielt das Verständnis der Verarbeitung von Sinnesreizen auf die im Basiskonzept „Information und Kommunikation“ enthaltenen vielfältigen Wege der Informationsverarbeitung lebender Systeme ab (siehe auch Kapitel 1, Tab. 2). Daraus konstituiert sich eine Kernidee, welche das Grundlegende, das Elementare einer Sache ist. In

Kernideen steckt einerseits die Perspektive der Lernenden und unter anderem auch die Frage, welche Bedeutung ein Lerngegenstand in der Lebenswelt der Lernenden hat, was ihn interessant und relevant macht. Andererseits enthält eine Kernidee im Sinne Wagenscheins (WAGENSCHEIN 2010) die kleinste für sich selbst stehende Sinneinheit eines Lerngegenstands. In der Sinnesphysiologie ist beispielsweise eine Kernidee, dass spezifische Strukturen (z. B. Rezeptoren auf Ebene der Zellmembran und Sensoren auf Ebene der Sinneszellen) für die Übersetzung spezifischer Reize notwendig sind. Damit wird ein Reiz in eine für die weitere Informationsverarbeitung verständliche Sprache (z. B. Sensorpotenzial, Entladungsfrequenz) übersetzt. Eine solche Kernidee muss auch auf andere Bereiche übertragbar sein: Sie sollte beispielsweise auch bei der Frage tragfähig sein, woher eine Pflanze eigentlich weiß, in welche Richtung sie dem Licht entgegenwächst …

Kernideen enthalten die kleinste für sich selbst stehende Sinneinheit eines Lerngegenstands.

Eine weitere Besonderheit bei der Planung von Biologieunterricht ist die jahreszeitliche Festlegung von Unterrichtsstunden und deren planvolle Aufeinanderfolge. So geben beispielsweise die Jahreszeiten bereits die zeitliche Abfolge von Unterrichtsthemen vor; als lebensweltliche Phänomene können der Blattfall, Überwinterungsformen von Tieren oder die Entwicklung der Amphibien eben nur in einem begrenzten Zeitfenster sinnvoll behandelt werden.

Planung von Biologieunterricht muss die Natur im Jahreslauf berücksichtigen

Für einen erfolgreichen Unterricht benötigt eine Lehrkraft daher klar strukturierte Vorstellungen darüber, welche Planungsschritte nacheinander und auch nebeneinander anfallen (PETERSSEN 2000).

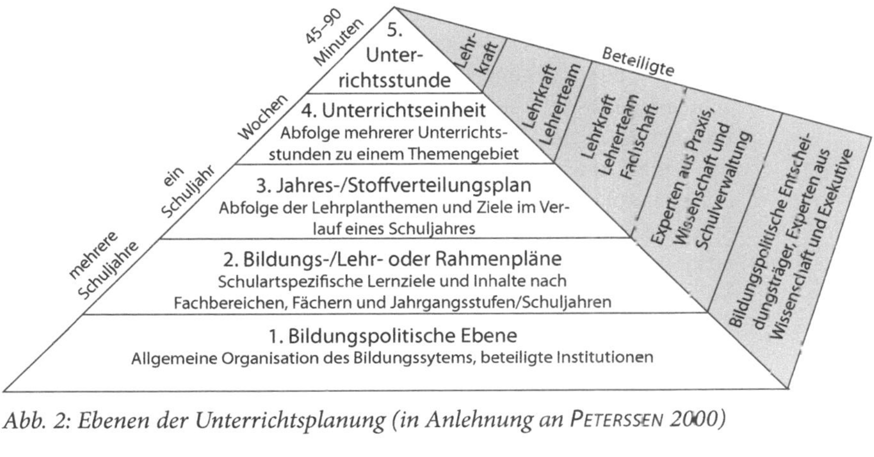

Abb. 2: Ebenen der Unterrichtsplanung (in Anlehnung an PETERSSEN 2000)

Die Ebenen der Unterrichtsplanung unterscheiden sich sowohl in der Literatur als auch in den länderspezifischen Vorgaben. Die hier vorgestellte Einteilung ist eine pragmatische, die als kleinster gemeinsamer Nenner der unterschiedlichen Einteilungen zu verstehen ist.

a. **Die erste Ebene** der Unterrichtsplanung sind bildungspolitische Vorgaben. Diese legen die Organisation und die Aufgaben der am Bildungssystem beteiligten Institutionen fest und münden letztendlich in „Ansprüchen und Forderungen" an die einzelnen Schularten (PETERSSEN 2000, 205).
   Für die Lehrkraft ist relevant, welche allgemeinen Ansprüche und Begründungen für einen Fachbereich, ein Fach wie Biologie oder einen Fächerverbund wie Naturwissenschaften gelten.
   Aber auch Empfehlungen von Fachkommissionen finden Eingang in diese Ebene der Unterrichtsplanung. So forderte beispielsweise die Akademie der Wissenschaften Leopoldina, dass die Evolutionsbiologie als übergreifendes Erklärungsprinzip der Lebenswissenschaften sozusagen als „roter Faden" des Biologieunterrichts ab der Sekundarstufe I konsequent etabliert wird (NATIONALE AKADEMIE DER WISSENSCHAFTEN LEOPOLDINA 2017)
b. **In der zweiten Ebene** der Unterrichtsplanung werden aus der ersten Ebene die schulartspezifischen Bildungs- und Lehrpläne sowie Fachcurricula abgeleitet. Darin wird eine jahrgangsbezogene Abfolge von fachlichen Inhalten, von fachspezifischen Erkenntnis- und Arbeitsweisen sowie von zu erreichenden Standards festgelegt.
   Die Vielfalt der Lehrpläne (Lehrplan steht hier exemplarisch als Synonym für die heterogenen curricularen Vorgaben und Bezeichnungen der deutschsprachigen Schul- und Bildungssysteme) macht dabei in Deutschland eine bundeslandübergreifende Abstimmung schwer, zumal sogar Schularten der Sekundarstufe oft uneinheitlich sind (z. B. Mittel- oder Gesamtschule, Gemeinschaftsschule, Regelschule, regionale Schule etc.). Die Einführung der verbindlichen *Bildungsstandards* dient dazu, bildungsrelevante Maßnahmen und Zielsetzungen der Bundesländer ein Stück weit zu vereinheitlichen. Bildungsstandards legen fest, welche fachbezogenen Kompetenzen Lernenden am Ende eines Bildungsgangs zur Verfügung stehen sollten (KMK 2004, 2020).
   Die Herausforderung für eine Lehrkraft ist es nun, bei der Ausgestaltung der Fachkultur auch die oben angesprochene Reflexivität bei den Lernenden anhand der in den Curricula festgeschriebenen Vorgaben zu fördern. Daraus ergeben sich Konsequenzen für die dritte Ebene der Unterrichtsplanung, denn der Aufbau von Reflexivität benötigt Zeit (siehe auch 1.2) und geht über das „Abhaken von Lehrinhalten" weit hinaus.

c. **Die dritte Ebene** der Unterrichtsplanung betrifft die langfristige Strukturierung von größeren Lehrplanthemen in einem sogenannten *Stoffverteilungsplan*. Dabei werden relevante Inhaltsbereiche über ein Schuljahr in eine fachdidaktisch stringente Abfolge gebracht. Diese Aufgabe erfüllt die einzelne Lehrkraft, im Idealfall werden Stoffverteilungspläne in schulischen Fachgruppen gemeinsam diskutiert und abgestimmt. Durch diesen (fachdidaktischen) Diskurs kann die Unterrichts-, aber auch die Schulentwicklung profitieren, zumal auch regionale, organisatorische sowie strukturelle Voraussetzungen der jeweiligen Schulen berücksichtigt werden können. Dieser Diskurs kann als *Elementarisierungsprozess* (vgl. MIKELSKIS 2006) verstanden werden, der sowohl übergeordnete Bildungsziele als auch Erkenntnisse der Biologiedidaktik und deren Bezugswissenschaften (Fachinhalte aus Biologie und Naturwissenschaften, Grundlagen zum Lehren und Lernen der Bildungswissenschaften) berücksichtigt. Die Elementarisierung erfolgt im Wesentlichen nach drei Gesichtspunkten und kann mit zunehmender Konkretisierung auf allen weiteren Planungsebenen angewandt werden:

Interaktion bei der Planung einer Unterrichtseinheit zwischen
– Fachwissenschaft
– Fachdidaktik
– allgemeinen Voraussetzungen

- *Kernideen* (vgl. GALLIN/RUF 2003) für den Biologieunterricht eines Schuljahres formulieren: Welche elementaren fachbezogenen Ideen und Fragestellungen (Basiskonzepte, biologische Prinzipien, siehe Kap. 1.1) sind mit einzelnen Themenbereichen zu behandeln? Gibt es übergreifende didaktische Zielsetzungen oder Schwerpunkte (Kompetenzbereiche, Voraussetzungen der Lernenden)? Diese Kernideen sollten für Lernende nachvollziehbar und sinnstiftend sein, also an deren Lebenswelt und an ihre Alltagsvorstellungen anknüpfen. Die Formulierung von und die gemeinsame Auseinandersetzung mit Kernideen sind Grundlagen Dialogischer Lehr-Lernprozesse (MERCER/WEGERIF/MAJOR 2019).
- *Kompetenzbereiche* wählen: Welche Lehrplanthemen eignen sich wie gut zur gezielten Förderung einzelner Kompetenzbereiche?
- *Kumulatives Lernen* berücksichtigen: Gibt es im Laufe des Schuljahres die Möglichkeit, bestimmte Kenntnisse, Fähigkeiten oder Fertigkeiten aufeinander aufbauend weiterzuentwickeln? Gibt es Möglichkeiten zur jahrgangsübergreifenden Vernetzung und Anknüpfungsmöglichkeiten zu bisher im Unterricht Bearbeitetem?

Kernideen strukturieren die Erstellung eines Stoffverteilungsplans und später die Planung einer Unterrichtseinheit

Beispiel
Im Kernlehrplan für die Sekundarstufe I (Gymnasium) in Nordrhein-Westfalen für Biologie (MSB 2019) wird im Inhaltsfeld 7 „Mensch und Gesundheit“ als ein inhaltlicher Schwerpunkt die Neurobiologie bearbeitet. Darin soll unter anderem gelernt werden, dass Reiz und Erregung zu unterscheiden sind (Kompetenzbereich *Umgang mit Fachwissen*) und die „Wahrnehmung eines Reizes“ soll experimentell erfasst werden (Kompetenzbereich *Erkenntnisgewinnung*, siehe Kapitel 3.1). Im Bayerischen Lehrplan für Gymnasien wird die Neurobiologie vorwiegend unter der Prämisse der Informationsaufnahme und -verarbeitung am Beispiel des Sehens und des Hörens bearbeitet (ISB 2020). Auch im Baden-Württembergischen Bildungsplan sollen Informationssysteme betrachtet und schwerpunktmäßig die visuelle Wahrnehmung exemplarisch für Lehr-Lern-Prozesse genutzt werden. Dieses Primat auf dem Sehsinn ist durchaus nachvollziehbar, denn er eignet sich gut für eine forschend-entdeckende Unterrichtsgestaltung: Die Arbeit mit der optischen Bank, das Erleben von optischen Täuschungen, die Hypothesenbildung zu deren Erklärung sowie vielfältige Experimente fordern/fördern die Anwendung naturwissenschaftlicher Erkenntnismethoden. Dennoch lässt sich bei allen menschlichen Sinnen eine Vielzahl von experimentellen Erkenntniswegen eröffnen und die Auswahl des jeweiligen Sinnessystems sollte neben den curricularen Vorgaben auch die Voraussetzungen und Interessen der Adressat*innen berücksichtigen.

Am Beispiel der visuellen Wahrnehmung lässt sich eine Kernidee entwickeln, welche ein einfaches Erklärungsschema für den Weg vom physikalischen Reiz bis zur Wahrnehmung in den Blick nimmt:

physikalischer Reiz	Transduktion	neuronale Erregung	Konstruktion	mentales Erlebnis

Dieses einfache Schema stellt sozusagen den elementaren Kern der Sinnesphysiologie dar und ist auf alle Sinne anwendbar (lediglich mit der Abweichung, dass es sich beim Geschmacks- und Geruchssinn um einen chemischen Reiz handelt). Durch die Elementarisierung des allgemeinen Wahrnehmungsprozesses können nachfolgende Unterrichtseinheiten zu den jeweiligen Sinnen stets an diesem Schema entwickelt und in angemessene „Lernportionen zerlegt“ werden. Innerhalb der einzelnen Strukturelemente können wiederum Schülervorstellungen für die weitere Planungsarbeit berücksichtigt werden (z. B. „Wie gelangt Licht von einem Gegenstand auf die Netzhaut?“).

Die in vielen Curricula im gleichen Schuljahr behandelte Immunbiologie ist dagegen weniger gut für eine experimentelle Erarbeitung geeignet, dieses Thema bietet aber vielfältige Möglichkeiten zum sach-, fach- und adressatenbezogenen Aufbereiten von Informationen (Kompetenzbereich *Kommunikation*).

d. **Die vierte Ebene** ist die Planung von abgeschlossenen Unterrichtseinheiten. An dieser Stelle entscheidet die Lehrkraft oder eine Fachschaft über die konkreten Ziele der Unterrichtseinheit, über die vorwiegend zu fördernden Kompetenzbereiche sowie über die Abfolge einzelner Inhaltsbereiche oder Unterrichtsstunden. Die visuelle Wahrnehmung des Menschen könnte ein Beispiel für eine Unterrichtseinheit innerhalb des oben genannten Lehrplanthemas sein.
e. **Die fünfte und letzte Ebene** der Unterrichtsplanung ist schließlich die Planung einer konkreten Unterrichtsstunde (siehe Kap. 3).

2.2 Eine Unterrichtseinheit Schritt für Schritt planen

Biologieunterricht planen bedeutet komplexe Inhalte, vielfältige Zielsetzungen sowie Bedingungen zu berücksichtigen und in einen zeitlich linearen Lernweg zu bringen. Dabei können folgende Planungsschritte gegangen werden:

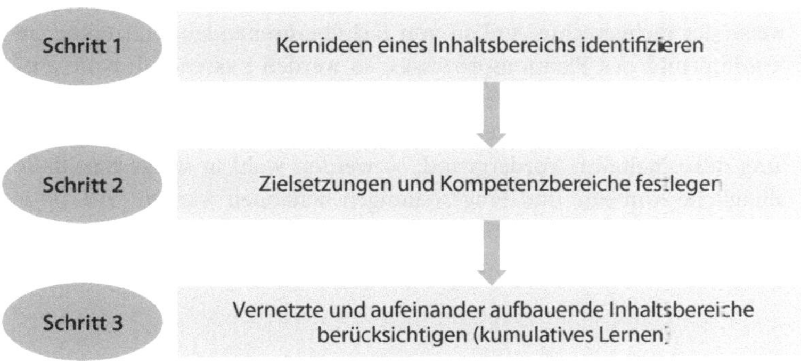

Abb. 3: Übersicht über die schrittweise Planung einer Unterrichtseinheit

Die Herausforderung bei der Planung einer Unterrichtseinheit ist es nun, bereits bei der Suche nach Kernideen eines Themenbereichs sowohl biowissenschaftliche Ansprüche als auch biologiedidaktische Erkenntnisse angemessen zu berücksichtigen. Hierbei gilt, dass die Kernideen

- fachgerecht (fachlich relevant, anschlussfähig),
- lernendengerecht (anknüpfend an Vorwissen, Alltagsvorstellungen, Interessen) und
- zielgerecht (fachdidaktisch relevant im Sinne einer fundierten Relevanzanalyse des Inhalts, siehe hierzu beispielsweise MEISERT 2012, 246ff.)

sind.

Es ist einleuchtend, dass sich diese drei Vorgaben bei der Planung einer Unterrichtseinheit wechselseitig beeinflussen und sie daher in gleichem Maße berücksichtigt werden (vgl. Beispiel auf der folgenden Seite).

Für die Biologiedidaktik liegen ausführliche Modellierungen zum Prozess der Unterrichtsplanung vor (MEISERT 2012). Das Planungsschema auf der folgenden Seite knüpft daran an und versucht, den komplexen didaktischen Gang in einen chronologischen Planungsprozess zu übersetzen.

Beispiel

Die Planung einer Unterrichtseinheit zur visuellen Wahrnehmung des Menschen folgt einer Sachstruktur (Licht als spezifischer Reiz – Transduktion und Verarbeitung an der Netzhaut – Erregungsleitung – Konstruktion – Wahrnehmung). Je nach Zielsetzung der Unterrichtseinheit jedoch können die einzelnen Inhalte des Themenbereichs auf eine ganz unterschiedliche Weise vertieft und strukturiert werden. Steht beispielsweise der fachgerechte Aufbau von fachübergreifenden Konzepten im Vordergrund des Planungsprozesses, so werden passende Inhalte entsprechend vertieft (z. B. Strahlenoptik, Arbeit mit Linsen und optischer Bank, Farbenlehre etc.). Steht dagegen die lernendengerechte Behandlung des Inhalts im Vordergrund, so werden wohl in stärkerem Maße alltägliche Kontexte und Fragestellungen behandelt werden (z. B. optische Täuschungen, psychologische Wirkung von Farben, Wahrnehmungsleistungen anderer Lebewesen etc.).

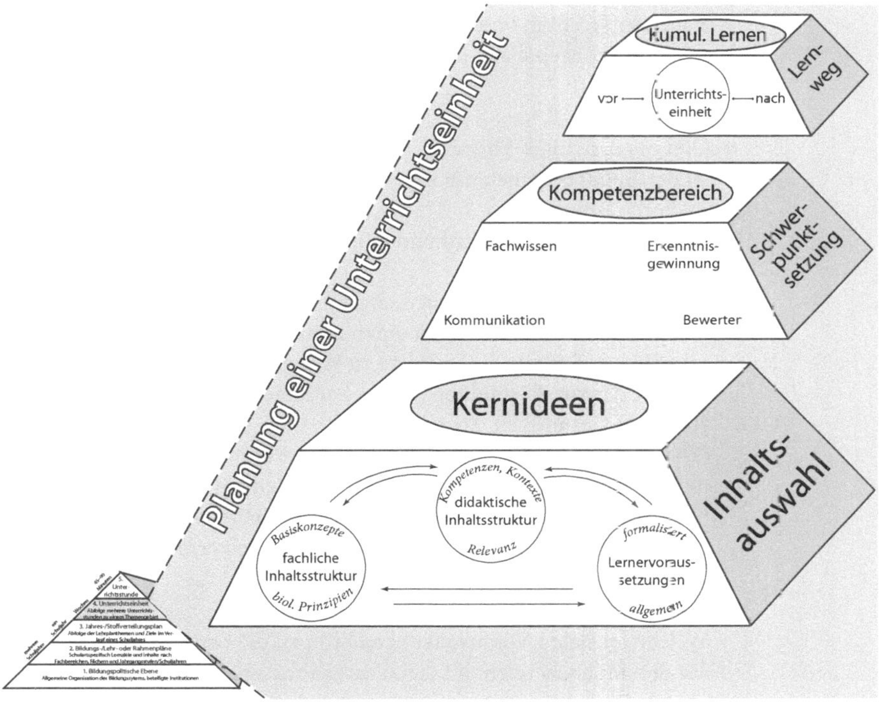

Abb. 4: Schritt für Schritt zur Unterrichtseinheit

Schritt 1: Unterrichtsinhalte anhand von Kernideen festlegen

In Anlehnung an das Modell der *Didaktischen Rekonstruktion* (KATTMANN, 2007) werden Kernideen für die Auswahl von Inhalten einer Unterrichtseinheit auf Grundlage dreier sich wechselseitig beeinflussender Reflexionsaufgaben ausdifferenziert und anhand von Leitfragen formuliert (siehe auch vorangegangenes Beispiel):

a. Fachliche Struktur:

- Gibt es innerhalb des Themenbereichs elementare Theorien, Modelle oder Phänomene, die für ein fachliches Grundverständnis nötig sind (*Schlüsselaspekte*)?
- Wird im weiteren schulischen Verlauf auf Elemente des Themenbereichs aufgebaut?
- Sind bestimmte Inhalte besonders geeignet, um grundlegende biologische Begriffe und/oder Prinzipien zu verdeutlichen *(Exemplarität)*?

- Kann der Inhalt in besonderer Weise genutzt werden, um an biologische Basiskonzepte anzuknüpfen?

b. **Didaktische Struktur:**
- Gibt es curriculare Vorgaben und/oder zu erreichende Standards?
- Ist der Inhalt geeignet, um in besonderer Weise einen Kompetenzbereich zu fördern?
- Kann der Inhalt gezielt anhand (alltags-)relevanter Kontexte erarbeitet werden?
- Gibt es ein gesellschaftlich bedeutsames Interesse zur Behandlung eines Inhalts? Leistet der Inhalt einen Beitrag zur Teilnahme an gesellschaftlichen Prozessen (Diskurse zu Wissenschaft, Politik, Arbeitswelt, Ethik) oder zur Ausbildung gesellschaftlicher Handlungsfähigkeit (Umwelt, Gesundheit, Soziales, …)?
  (Dieser Aspekt wird häufig bereits in den Rahmenrichtlinien des Bildungssystems an prominenter Stelle [Leitziele] in allgemeiner Weise beschrieben. In der Analyse der gesellschaftlichen Relevanz eines Inhalts sollten operationalisierbare Begründungen erfolgen.)

c. **Voraussetzungen der Lernenden:**
- Welche formalen Voraussetzungen bringen die Lernenden in Bezug auf den Inhaltsbereich mit (schulart-, jahrgangs- und klassenstufenbezogene Kompetenzen, entwicklungspsychologische Überlegungen)?
- Gibt es besondere motivations- und/oder interessenfördernde Aspekte?
- Gibt es *regionale* oder *schulische Besonderheiten*, die für die Inhaltsauswahl relevant sind? Diese entscheiden darüber, inwieweit ein Aspekt des Themas angemessen bearbeitet werden kann. Stehen an einer Schule z. B. in ausreichender Menge Materialien zur experimentellen Erarbeitung der *Linsenoptik* zur Verfügung, so wird dieser Aspekt dort stärkere Berücksichtigung finden als an einer anderen Schule, wo Biologie lediglich im Klassenzimmer ohne weitere Materialien unterrichtet wird.
- Inwieweit sind Alltagsvorstellungen der Lernenden zum Themenbereich bekannt und auf welche Weise könnten diese den Lernprozess beeinflussen? Vorunterrichtliche Vorstellungen beeinflussen maßgeblich den Lernprozess, und die gezielte Inhaltsauswahl erlaubt deren konstruktive Berücksichtigung zum Aufbau trag- und anschlussfähiger Konzepte. Einzelne Inhalte können dahingehend hinterfragt wer-

den, ob sie sich in besonderer Weise eignen, an die Alltagsvorstellungen anzuknüpfen oder um eine bewusste Auseinandersetzung mit ihnen und damit verbunden einen Konzeptwechsel zu initiieren (Conceptual Change: KRÜGER 2007).

Beispiel

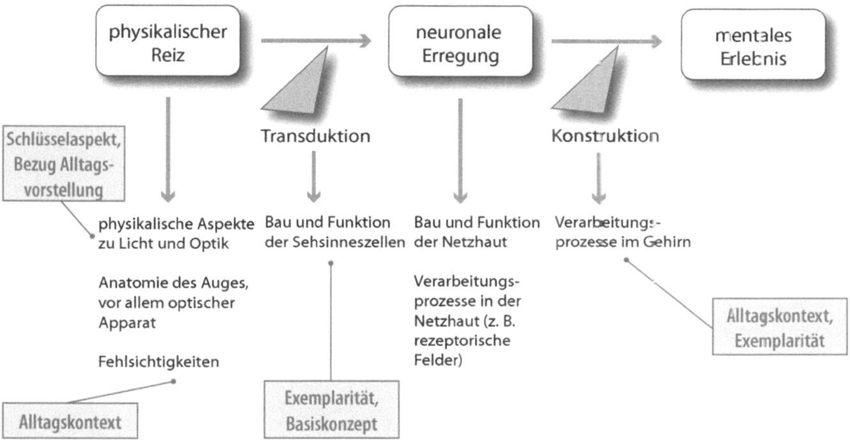

Abb. 5: Schema zur visuellen Wahrnehmung und abgeleitete Inhaltsbereiche

Die Kernidee des allgemeinen Wahrnehmungsschemas wird nun noch weiter ausdifferenziert. Die Begründungszusammenhänge werden exemplarisch dargelegt:

- Am Beispiel des *Lichts* wird exemplarisch erarbeitet, was ein physikalischer Reiz ist. Für das Verständnis von grundlegenden biologischen Prozessen (z.B. Fotosynthese, lichtbezogene [Wachstums-]Bewegungen, Wahrnehmung) ist die Kenntnis der Eigenschaften des Lichts und der verschiedenen Modellvorstellungen eine entscheidende Voraussetzung. Insbesondere für die spätere Behandlung des optischen Apparats des Auges sind Grundlagen der Optik hilfreich. Zudem sind die Alltagsvorstellungen der Lernenden zum Sehen recht gut erforscht (GROPENGIESSER 2007) und können zur konstruktiven Auseinandersetzung mit dem Inhalt berücksichtigt werden.
- Sinneszellen sind sozusagen die Reizwandler, die in einem ersten Schritt einen physikalischen Reiz in die Sprache des Nervensystems übersetzen (binärer Code an/aus und Frequenz der Aktionspotentiale). Diese Transduktion findet im Grunde genommen bei allen Sinnesreizen statt und kann exemplarisch an der Funktion der Sehsinneszellen verdeutlicht werden.

- Zudem können an dieser Stelle die Vorgänge einer Transduktionskaskade als grundlegendes Prinzip erarbeitet und gezielt an das Basiskonzept Struktur und Funktion angebunden werden. Ähnliche kaskadische Prozesse kennen die Lernenden aus der Blutgerinnung oder aus der Apoptose (dem programmierten Zelltod).
- Die Fehlsichtigkeiten bieten einen alltäglichen Kontext, und die Erarbeitung von Therapieformen (z. B. Lasik zur operativen Korrektur von Fehlsichtigkeiten) eröffnet auch weitere inhaltliche oder fächerübergreifende Vernetzungsmöglichkeiten. Zudem werden dabei die zur Strahlenoptik erarbeiteten Erkenntnisse angewandt.
- Der Verarbeitungsprozess der eingehenden Erregungen im Gehirn erfolgt stets auf Grundlage eines Abgleichs mit Bekanntem. Daran knüpft die Erarbeitung von Konstruktionstäuschungen an (z. B. unmögliche Perspektiven bei Escher-Zeichnungen, Farb- oder Längentäuschungen), aber es können auch allgemeine neurobiologische Grundlagen des Lernens an einen solchen Konstruktionsprozess angebunden werden.

Diese exemplarischen Überlegungen führen zur Auswahl folgender Inhalte für die Unterrichtseinheit *Visuelle Wahrnehmung*:

1. *Einführung in die Optik:* Eigenschaften des Lichts, Weg des Lichts bei der Lochkamera, Farbenlehre
2. *Anatomie des Linsenauges:* Betrachtung der von außen sichtbaren Strukturen mit Schutzeinrichtungen (Augenbrauen, Wimpern), Bau und Funktion der Schichten des Auges
3. *Der optische Apparat:* inklusive Fehlsichtigkeiten und Sehhilfen
4. *Die Netzhaut:* Bau und Funktion der Sinneszellen, Transduktionsprozess am Beispiel des Rhodopsins, (farbige) Nachbilder
5. *Verarbeitungsprozesse auf der Netzhaut und im Gehirn:* Exemplarische Behandlung der rezeptiven Felder und lateralen Inhibition und des räumlichen Sehens (z. B. räumlich-perspektivische Täuschungen)

Exkurs (Schritt 1): Unterricht fächerübergreifend und vernetzt planen

In den curricularen Vorgaben wird in der Regel explizit auf eine vernetzte und fächerübergreifende Bearbeitung von Fachinhalten Wert gelegt. Nach LABUDDE (2008) ist *fächerübergreifend* als Oberbegriff für alle Arten des Unterrichts zu verstehen, die über die Fachgrenzen hinausgehen. Dabei können entweder die Inhalte eines anderen Faches in den Biologieunterricht eingebunden *(fachüberschreitend)*, ein Thema in mehreren Fächern zeitlich und systematisch verknüpft unterrichtet *(fächerverbindend)*, in einem Thementag oder einer Projektwoche im gemeinsamen Unterricht aus verschiedenen Fachperspektiven erarbeitet *(fächerkoordinierend)* oder auf Ebene der Stundentafel in einem Fächerverbund oder einem Fach *Naturwissenschaften* zusammengefasst werden *(fachintegrativ*; vgl. LABUDDE 2010).

Beispiele

- Im *fächerüberschreitenden* Biologieunterricht zum Sehsinn werden die zentralen physikalischen Aspekte der Strahlenoptik erarbeitet oder vertieft. Hier muss nicht zwingend eine Abstimmung mit der Lehrkraft für Physik stattfinden.
- Im *fächerverknüpfenden* Unterricht wird im gleichen Zeitraum der menschliche Sehsinn im Biologie- und die Optik im Physikunterricht bearbeitet. Hierbei ist eine Absprache der beteiligten Lehrkräfte durchaus sinnvoll.
- An einem *fächerkoordinierenden* Projekttag werden die Facetten des menschlichen Sehsinns erarbeitet, physikalische Phänomene entdeckt, erläutert und auf die Sinnesleistungen bezogen. Dabei könnten die Lernenden verschiedene Versuchsstationen entwickeln, erproben und beispielsweise in einer Projektpräsentation Besuchern oder Eltern darstellen.

Die Berücksichtigung von fächerübergreifenden Aspekten bei der Planung von Unterrichtseinheiten betont auch eine lebensweltliche Ausrichtung der behandelten Themen, und naturwissenschaftliche Fragestellungen können jenseits der fachlichen Grenzen erarbeitet werden. Im Idealfall ergänzen sich dabei fachsystematische Zugänge, und es wird deutlich, dass die Biowissenschaften zur Beantwortung ihrer Fragen die Erkenntnisse der Physik oder Chemie benötigen.

Zudem werden im Biologieunterricht Inhalte bearbeitet, die von Grund auf eine interdisziplinäre Auseinandersetzung nötig machen: Die Bildung für eine nachhaltige Entwicklung beispielsweise oder die Bewertung biotechnologischer Verfahren können nur unter Berücksichtigung der verschiedenen Blickwinkel (ökonomisch, ökologisch oder sozial) angemessen bearbeitet werden.

Es wird also deutlich, dass bei der Planung einer Unterrichtseinheit bereits frühzeitig reflektiert werden kann und festgelegt werden sollte, an welcher Stelle des Lernwegs fächerübergreifende Aspekte sinnvoll aufgegriffen werden können.

Schritt 2: Über Kompetenzbereiche Schwerpunkte setzen

Die *Kompetenzorientierung* (vgl. SUWELACK 2010) kann die Auswahl von einzelnen Aspekten eines Themenbereichs maßgeblich beeinflussen. Steht bei der Unterrichtseinheit *Visuelle Wahrnehmung* beispielsweise die Förderung des Kompetenzbereichs *Erkenntnisgewinnung* im Vordergrund, so werden in erster Linie diejenigen Inhalte ausgewählt, die eine aktive forschend-entdeckende Erarbeitung ermöglichen (z. B. Arbeiten mit der Lochkamera und Herstellen von Analogien zum menschlichen Auge, experimentelle Ermittlung des blinden Flecks, des Sehfelds o. Ä.). Steht demgegenüber die Förderung des Kompetenzbereichs *Kommunikation* im Vordergrund, so werden Inhalte ausgewählt, an denen fachspezifische Informationswege genutzt werden können (z. B. Arbeiten mit textbasierten Fallbeispielen, Integration und Interpretation von Datendarstellungen und Schaubildern etc.).

Aber auch innerhalb eines Kompetenzbereichs beeinflussen die intendierten Zielsetzungen die Inhaltsauswahl. Liegt beispielsweise beim Fachwissen der Schwerpunkt auf dem Basiskonzept *Struktur und Funktion*, so werden sicherlich andere Inhalte ausgewählt als bei einer Schwerpunktsetzung im Bereich *Entwicklung* mit evolutionsbiologischem Fokus. Für den Bau und die Funktion des menschlichen Auges bedeutet die Schwerpunktsetzung *Struktur und Funktion* beispielsweise, dass die funktionalen Strukturen des optischen Apparats intensiver behandelt und Analogien aus dem Alltag gezogen werden. Demgegenüber könnte eine Schwerpunktsetzung *Entwicklung* durch die vergleichende Darstellung verschiedener Augentypen im Tierreich mit Bezug auf deren stammesgeschichtliche Entwicklung erfolgen.

Damit wird noch einmal deutlich, in welcher Form Schwerpunktsetzungen bei den curricularen Vorgaben die Planung von Unterrichtseinheiten beeinflussen können (siehe Kapitel 2.2, Exkurs (Schritt 2)). Nicht zuletzt aus diesem Grund sind die Lehrkraft oder die Lehrkräfteteams bei der Planung von Unterrichtseinheiten stets gefordert, die Inhaltsauswahl mit Blick auf deren besondere Eignung zur Förderung eines spezifischen Kompetenzbereichs zu erörtern.

Exkurs (Schritt 2): Interpretation der Bildungsstandards im Ländervergleich
Ein Vergleich verschiedener Bundesländer und Schulstufen zeigt, dass die *Bildungsstandards im Fach Biologie für den mittleren Schulabschluss* der KMK (2004) für die vier Kompetenzbereiche recht unterschiedlich interpretiert werden können. Daraus werden Niveaukonkretisierungen für einzelne Themenbereiche abgeleitet, die sich beispielsweise in den oben beschriebenen Kernideen wiederfinden und für die Inhaltsauswahl handlungsleitend sind.
An zwei Beispielen soll die Unterschiedlichkeit der Schwerpunktsetzungen verdeutlicht werden:

Der Kernlehrplan des Landes Nordrhein-Westfalen für die Realschule (2011) lehnt sich sehr eng an die Bildungsstandards der KMK an. Hier werden explizit Kompetenzerwartungen in den vier Kompetenzbereichen formuliert und Beispiele für schulinterne Lehrpläne zur Verfügung gestellt.

Umgang mit Fachwissen
„Die Schülerinnen und Schüler können …
- Aufbau und Funktion des Auges als Lichtempfänger mithilfe einfacher fachlicher Begriffe erläutern.
- Aufbau und Funktion des Ohrs als Empfänger von Schallschwingungen mithilfe einfacher fachlicher Begriffe erläutern.
- die Funktion von Auge und Ohr in ein Reiz-Reaktionsschema einordnen und die Bedeutung der Nerven erläutern.
- die Bedeutung der Haut als Sinnesorgan darstellen und Schutzmaßnehmen gegen Gefahren wie UV-Strahlen erläutern."

Erkenntnisgewinnung
„Die Schülerinnen und Schüler können …
- Beobachtungen zum Sehen (u. a. räumliches Sehen, Blinder Fleck) nachvollziehbar beschreiben und Vorstellungen zum Sehen auf Stimmigkeit überprüfen.
- die Bedeutung und Funktion der Augen für den eigenen Sehvorgang mit einfachen optischen Versuchen darstellen.

- Experimente zur Ausbreitung des Schalls in verschiedenen Medien, zum Hörvorgang und zum Richtungshören durchführen und auswerten.
- die Ausbreitung des Schalls und des Lichts mit einfachen Modellvorstellungen erklären."

Etwas anders sind die Kompetenzerwartungen im Bayerischen Fachlehrplan der Biologie (Klasse 7) an der Realschule beschrieben:
„Die Schülerinnen und Schüler ...
- leiten anhand eines Überblicks über die Sinnesorgane des Menschen das allgemeine Prinzip der Leistung von Sinneszellen ab. Damit erlangen sie eine Vorstellung von Reizaufnahme und Reizverarbeitung als notwendige Voraussetzung für die Kommunikation mit der Umwelt und den Mitmenschen.
- beschreiben auch mithilfe von Abbildungen, Modellen bzw. Experimenten den Bau und die Funktion des Ohrs. Dadurch entwickeln sie eine Vorstellung der Reizaufnahme aus der Umwelt durch ein Sinnesorgan und leiten Schutzmaßnahmen ab."

Diese curricularen Vorgaben lassen einer Lehrkraft nun unterschiedliche Spielräume bei der Unterrichtsplanung. Während die Spielräume zur Ausgestaltung im ersten Beispiel durch die recht konkreten Vorgaben verhältnismäßig gering sind, so erlaubt das zweite Beispiel eine eigene Schwerpunktsetzung bei der Behandlung der Sinnessysteme.

Schritt 3: Lernwege gestalten

Nach den beiden vorangegangenen Planungsschritten gilt es nun, die Einzelinhalte des Themenbereichs auf Grundlage (biologie-)didaktischer Prinzipien und Unterrichtsverfahren (z. B. Handlungsorientierung, Situationsorientierung, Anschaulichkeit usw. – siehe KÖHLER 2010a) sowie der zuvor dargestellten Überlegungen zu den *Kernideen* und der Schwerpunktsetzung bei den *Kompetenzbereichen* in einen linearen *Lernweg* zu bringen.

Dabei sind folgende drei Fragen zu berücksichtigen:
- Knüpft ein Inhaltsbereich der Unterrichtseinheit an bereits bekanntes Wissen an?
- Legt ein Inhaltsbereich der Unterrichtseinheit gezielt die Grundlage für spätere Erarbeitungsaktivitäten?
- Bietet ein Inhalt in besonderem Maße Querverweise zu anderen Themen- und Inhaltsbereichen sowie Vernetzungsmöglichkeiten (auch zu den anderen Naturwissenschaften)?

Damit erfolgt nun eine abschließende Festlegung der Sequenz einzelner Inhalte innerhalb der Unterrichtseinheit.

Im nachfolgenden Beispiel wird verdeutlicht, wie unterschiedlich eine solche zeitliche Abfolge von Inhalten bei unterschiedlicher Schwerpunktsetzung innerhalb der drei Reflexionsschritte ausfallen kann.

Beispiel

Der Zeitrahmen für zwei unterschiedliche Lernwege der Unterrichtseinheit beträgt neun bis zehn Schulstunden. Um eine nachvollziehbare Vergleichbarkeit herzustellen, werden die zuvor ausgewählten und beschriebenen Inhaltsbereiche als Strukturierungsgrundlage für die beiden alternativen Lernwege gewählt.

- Der erste ist ein *systematisierend-vergleichender Lernweg*, bei dem der Kompetenzbereich *Fachwissen* gefördert wird, unter Anbindung der Inhalte an Basiskonzepte und biologische Prinzipien. Dieser Lernweg ist insgesamt stark an einer fachlichen Inhaltsstruktur orientiert. Zudem wird bei diesem Lernweg die fächerübergreifende Perspektive der Optik als Teilbereich der Physik herausgestellt.
- Der zweite Lernweg betont stärker den Kompetenzbereich *Erkenntnisgewinnung* und damit auch naturwissenschaftliche Denk- und Arbeitsweisen. Ein Einstieg in die Unterrichtseinheit erfolgt über Phänomene der optischen Täuschungen, was eine alltägliche und schülergemäße Verankerung unterstreichen soll.

Diese beiden unterschiedlichen Strukturierungswege sollen nicht hinsichtlich ihrer Qualität bewertet werden, sie dienen lediglich dazu, die Ergebnisse verschiedener Schwerpunktsetzungen zu verdeutlichen. Würde man beispielsweise anstatt der Kompetenzbereiche die strukturellen Voraussetzungen an der Schule oder die (naturwissenschaftliche) Leistungsfähigkeit der Schüler zum Vergleich zweier Strukturierungswege verwenden, so ergäben sich wiederum andere Schwerpunktsetzungen und Themenabfolgen. Diese sind aber nicht minder reflektiert, und solange die didaktische Reflexion der Planung einer Unterrichtseinheit stringent, nachvollziehbar und an der Bezugswissenschaft *Biologiedidaktik* orientiert ist, „*geht* Vieles und Nichts *muss*".

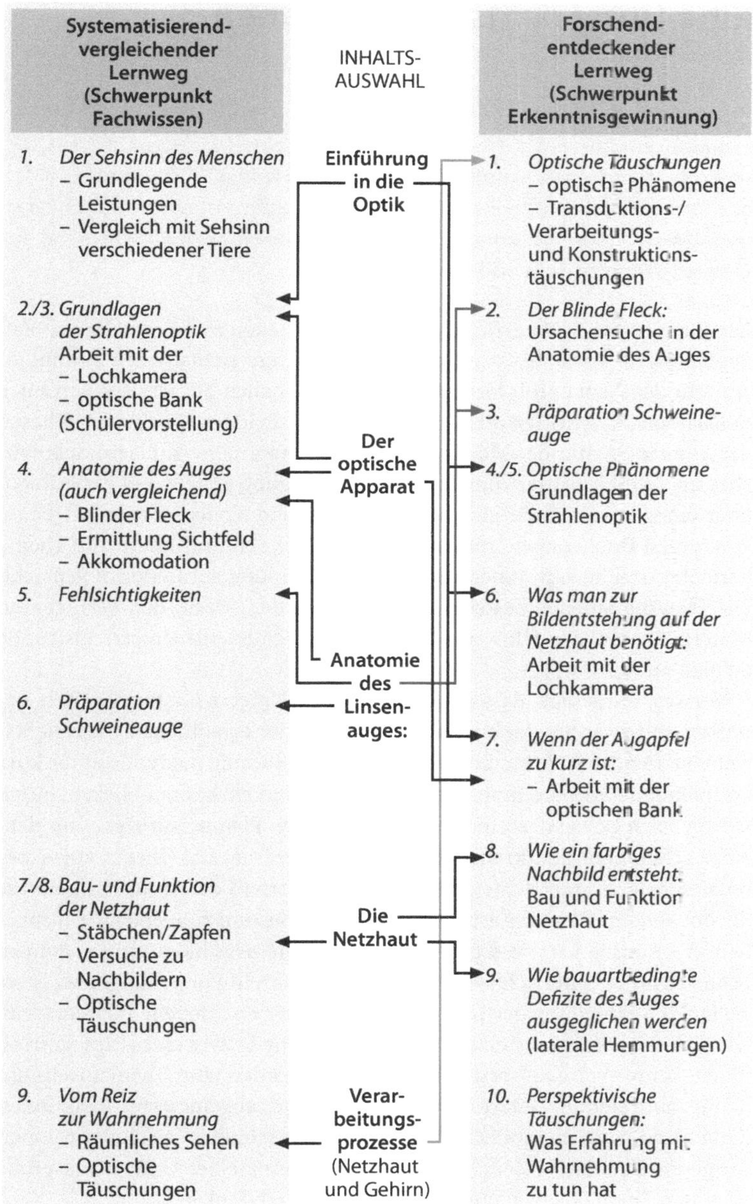

Abb. 5: Inhaltsauswahl

3 Eine Unterrichtsstunde planen

Holger Weitzel

In diesem Kapitel wird die Planung einer Unterrichtsstunde beschrieben. Dieser Prozess wird in vier Schritte untergliedert. Zu jedem Schritt werden Leitfragen formuliert, die nacheinander bearbeitet werden können. Am Beispiel einer Unterrichtsstunde zum Thema Kurzsichtigkeit wird gezeigt, wie die Planung in die Praxis überführt werden kann.

Die Planung einer Unterrichtsstunde beginnt selten mit einem leeren Blatt Papier. Meist wurde bei der Planung für die Unterrichtseinheit zumindest ein Stundenthema grob formuliert. Vielleicht haben Sie schon einen Blick in Fachbücher geworfen oder verfügen über erste Ideen für einzelne Phasen der Unterrichtsstunde. Möglicherweise hat Ihnen eine Kollegin Schulbücher und Arbeitsblätter zum Thema zur Verfügung gestellt, ein Experiment oder einen spannenden Einstieg geschildert, ein Kollege hat in der Pause von seinen Erfahrungen mit den Interessen der Schüler*innen zum Thema berichtet und Sie auf Materialien in der Sammlung aufmerksam gemacht. Die Planungsaufgabe besteht nun darin, aus den Ideen, den verfügbaren Materialien und den Hinweisen aus dem Kollegium eine Unterrichtsstunde zu planen.

Vorweg sei gesagt, dass die Planung von Unterrichtsstunden Zeit benötigt, und zwar am Anfang ein Mehrfaches der eigentlichen Unterrichtszeit von 45 oder 90 Minuten. Wenn Sie jetzt ein wenig neidvoll auf die kurz erscheinende Vorbereitungszeit von erfahrenen Lehrkräften blicken, bitten wir Sie, sich bewusst zu machen, dass sich Ihr Planungsprozess von dem einer erfahrenen Lehrkraft unterscheidet. Diese hat das Thema zuvor bereits mehrfach unterrichtet und jeweils im Vorfeld der Unterrichtsstunde die notwendige Planungsarbeit vollzogen, die Sie nun zum ersten Mal angehen. Als Konsequenz verfügt sie über eine breitere Sachkenntnis zu dem zu behandelnden Unterrichtsgegenstand, hat konkrete Vorstellungen zu einer geeigneten Einteilung der Unterrichtsstunde in verschiedene Phasen, weiß, wie sich die von ihr erstellten Materialien in ihr Unterrichtsskript sinnvoll fügen, kennt typische Vorstellungen der Lernenden zum Thema, weiß um häufig auftretende Unterrichtssituationen und angemessene Reaktionen darauf und kann methodisch flexibel auf unterschiedliche Schülergruppen reagieren. Es braucht Zeit, bei der ersten Planung einer Unterrichtsstunde zu einem Thema die genannten Aspekte zu durchdenken.

3.1 Eine Unterrichtsstunde in vier Schritten planen

Die Planung einer Unterrichtsstunde lässt sich sinnvoll in die vier Teilschritte *Festlegung des Unterrichtsthemas, Sammlung von Unterrichtsideen und -materialien, didaktische* sowie *methodische Konstruktion* der Unterrichtsstunde untergliedern (siehe Abb. 6).

Schritt 1: Das Stundenthema festlegen

Die Planung jeder Unterrichtsstunde beginnt mit der Frage nach dem Stundenthema. Die frühzeitige Themenfestlegung hilft, die sich anschließende und potenziell ausschweifende Suche nach Unterrichtsmaterialien und -ideen zu kanalisieren und damit den Arbeitsaufwand für die Suche herabzusetzen.

Wie lautet das Thema der Stunde

Anknüpfend an Kap. 2 (siehe Abb. 6) lautet der Arbeitstitel der nachfolgend ausgearbeiteten Beispielunterrichtsstunde: „Wenn der Augapfel zu lang ist". Fachliches Thema der Unterrichtsstunde ist also die Kurzsichtigkeit (Myopie).

Schritt 2: Unterrichtsideen und -materialien sammeln

Welche Unterrichtsideen und -materialien zu einem Thema verfügbar sind, ist besonders für Berufsanfänger von besonderer Bedeutung. Oft haben sie noch keinen Überblick darüber (woher sollte dieser auch stammen?). Es empfiehlt sich daher, vor die weitere Planung eine „Jäger-und-Sammler-Phase" zu stellen, in der Quellen für Unterrichtsmaterial gesichtet und so Ideen für die Gestaltung der Unterrichtsstunde gesammelt werden.

Welche Unterrichtsmaterialien gibt es zu dem zu unterrichtenden Thema

Hilfreiche Quellen sind unter anderem Fachräume und Sammlungen der naturwissenschaftlichen Fächer der Schule, Kolleginnen und Kollegen und deren Materialien, Medienzentren mit ihren jeweiligen Online-Auftritten zur Ausleihe von Unterrichtsfilmen und anderen Medien, Portale für Lehrkräfte im Internet (gern frequentiert, aber von sehr unterschiedlicher Qualität!) sowie die Landesbildungsserver der einzelnen Bundesländer mit zum Teil hervorragend aufbereiteten Materialien, ebenso Fach- und fachdidaktische Zeitschriften sowie die themenspezifisch entwickelten Materialien der diversen Schulbuchverlage, soweit Sie darauf Zugriff haben. Aktuelle Fachliteratur lässt sich leicht über Suchmaschinen wie GoogleScholar (https://scholar.google.de) finden, die anders als die „normale" Google-Suche auf Artikel oder Bücher verweist und nicht auf Web-Seiten. Andere Online-Quellen und fachdidaktische Publikationen können beispielsweise im *Fachportal Pädagogik* durchsucht werden.

Je nach Unterrichtsthema sollten aber auch in der Nähe der Schule liegende, gut erreichbare außerschulische Lernorte in die Suche mit einbezogen werden. Diese sind weitgehend über die Landesbildungsserver erfasst.

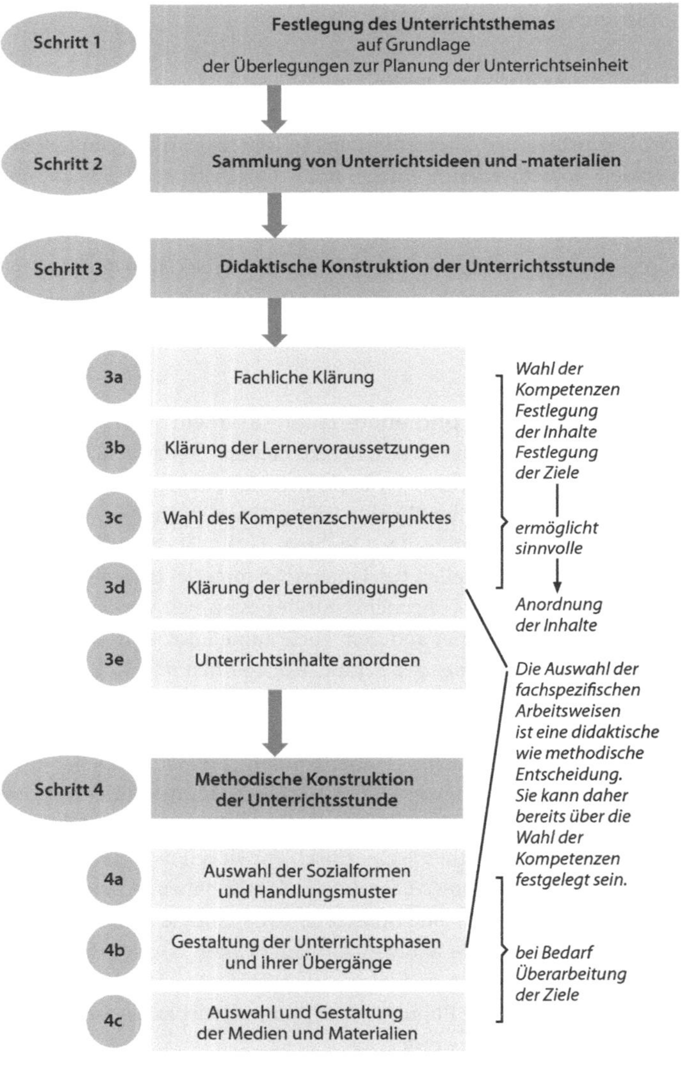

Abb. 7: Übersicht über den Planungsprozess für eine Unterrichtsstunde

Schritt 3: Die Unterrichtsstunde didaktisch konstruieren

Der nächste Schritt der Unterrichtsplanung ist der bei weitem umfangreichste, kognitiv anspruchsvollste und bei Berufseinsteigern am wenigsten beliebte. Er zielt darauf ab, Inhalte und Ziele für die Unterrichtsstunde zu wählen, diese zu begründen und nachvollziehbar anzuordnen.

Dieser Schritt wird als didaktische Konstruktion bezeichnet und ist aus fünf Teilschritten aufgebaut. Im Kern geht es bei der didaktischen Konstruktion darum, bedeutsame Inhalte von weniger bedeutsamen zu trennen und das Ergebnis dieses Ausleseprozesses in eine sinnvolle Reihenfolge zu bringen. Der Ausleseprozess wird zudem beeinflusst von institutionellen Vorgaben wie Lehr- oder Bildungsplänen, der Haltung der Lehrkraft gegenüber (Biologie-)Unterricht, gegenüber Lernenden und deren Lernprozess, gegenüber allgemeinen Bildungszielen und den Lernbedingungen vor Ort.

Was mache ich in der Stunde warum und in welcher Reihenfolge?

Als Konsequenz können von unterschiedlichen Lehrkräften trotz gleicher Themenfestsetzung unterschiedliche inhaltliche Schwerpunktsetzungen in einer Unterrichtsstunde verfolgt werden.

Die Alternative zu diesem Vorgehen besteht darin, die bei der Sammlung von Unterrichtsmaterialien gewonnenen Ideen und Materialien „irgendwie zusammenzubasteln". Im Alltag wird manchmal aus Zeitgründen so vorgegangen. Aber auch wenn dieses Verfahren verständlich sein mag, so trägt es nicht dazu bei, die Unterrichtsqualität zu verbessern.

„Stundenbasteln" trägt nicht zur Verbesserung der Unterrichtsqualität bei

Schritt 3a: Fachliche Klärung

Für beginnende wie für fachfremd agierende Lehrkräfte ist es zunächst leichter, die didaktische Konstruktion mit der Klärung der aus Sicht des Faches bedeutsamen Aspekte zu beginnen. Dieser Schritt vertieft die im vorherigen Kap. 2 dargestellte Klärung der fachlichen Inhaltsstruktur.

Zunächst geht es darum, sich bewusst zu machen, ob Sie selbst die fachlichen Grundlagen des Stundeninhalts hinreichend verstanden haben. Verstehen Sie diese Äußerung bitte nicht als Unverschämtheit. Die Themen des Biologieunterrichts sind vielfältig, nur auf einen geringen Teil der potenziellen Unterrichtsinhalte kann das Studium vorbereiten, und es braucht Zeit und Eigenengagement, sich fachlich hinreichend in die verschiedenen Themen einzuarbeiten.

Aufbauend auf dem Fachwissen muss entschieden werden, welche Lerninhalte aus einer fachlichen Perspektive für das Verständnis des Themas grundlegend und damit tatsächlich unabdingbar sind, welche bei ausreichender Unterrichtszeit wünschenswert wären und welche Inhalte verzichtbar sind. Die Ausrichtung an Kernideen, die auf Basiskonzepten und/oder biologischen Prinzipien fußt (vgl. Kap. 1 und Kap. 2), bietet hierfür eine sinnvolle Orientierung. Da jede Unterrichtsstunde in den Kontext anderer Stunden eingebettet ist, ist darauf zu achten, worauf aufgrund des vorangegangenen Unterrichts inhaltlich aufgebaut werden kann bzw. welche Inhalte aus der zu unterrichtenden Stunde für den weiteren Verlauf der Unterrichtseinheit benötigt werden.

Beispiel: Fachliche Klärung 1

... Kurzsichtigkeit zählt zu den optischen Abbildungsfehlern, die alle zur Konsequenz haben, dass auf der Netzhaut keine punktförmige Abbildung erfolgt. Sie kann entweder durch einen verlängerten Augapfel oder durch eine erhöhte Brechkraft der Hornhaut verursacht sein. Im ersten Fall ist der Abstand zwischen Hornhaut und Netzhaut gegenüber einem Normalsichtigen vergrößert mit der Folge, dass Lichtstrahlen, die parallel einfallen, vor der Netzhaut gebündelt werden. Das führt zu einer unscharfen Abbildung von Gegenständen auf der Netzhaut. Diese Form der Kurzsichtigkeit wird als Achsenmyopie bezeichnet. Weitaus seltener tritt eine Veränderung der Brechkraft der Hornhaut auf. Ist die Brechkraft der Hornhaut größer als bei Normalsichtigen (Brechungsmyopie), werden die parallel einlaufenden Lichtstrahlen ebenfalls vor dem Auftreffen auf die Netzhaut gebündelt.

Eine Verlängerung des Augapfels um einen Millimeter hat eine Veränderung des Brechwertes um 3 Dioptrien zur Folge. Eine teilweise Korrektur der Sehfähigkeit etwa durch Akkomodation der Linse wie bei der Weitsichtigkeit ist nicht möglich, da bei einem auf Fernsicht eingestellten Auge die Linse bereits maximal abgeflacht ist. ... Allen Korrekturmechanismen der Kurzsichtigkeit gemeinsam ist ein Eingriff in den Brechwert des Auges. Brillen und Kontaktlinsen erreichen dies, indem sie das einfallende Licht streuen. Eine Alternative hierzu stellen Veränderungen der Brechkraft der Hornhaut dar, die über lasergesteuerte Verfahren erreicht werden können ...

Notwendig für ein grundlegendes Verständnis aus einer fachlichen Sicht

Zu einem grundlegenden Verständnis des Themas notwendig ist das Wissen, dass eine scharfe Abbildung eines Gegenstands abhängig ist von dem Verhältnis der Länge des Augapfels zu seinem Brechwert. Darauf aufbauend können Korrekturmechanismen erarbeitet werden, die in dieses Verhältnis eingreifen ...

Anknüpfungspunkte

Die Lerninhalte der Unterrichtsstunde greifen zum einen Wissen um den Aufbau des Auges auf. Zum anderen wird angeknüpft an das in den beiden vorherigen Stunden erarbeitete Wissen um die Bildentstehung auf der Netzhaut wie an die Grundlagen der Strahlenoptik.

Die Lerninhalte der Unterrichtsstunde können darauf vorbereiten, Weitsichtigkeit als weitere Form der Fehlsichtigkeit zu verstehen. Letztlich bildet die Unterrichtsstunde aber den Abschluss der Beschäftigung mit den Hilfsstrukturen des Sehsinns, sodass hierzu in den folgenden Stunden keine weitere Vertiefung angestrebt wird.

Vorbereitung auf weitere Lerninhalte

Leitfragen

- Welche Lerninhalte sind aus fachlicher Sicht zu einem grundlegenden Verständnis des Themas der Unterrichtsstunde notwendig?
- Wie knüpfen die Lerninhalte der Unterrichtsstunde an die der vorhergehenden Unterrichtsstunden an und ermöglichen auf diese Weise ein vertieftes Verständnis der zuvor unterrichteten Inhalte im Sinne eines kumulativen Lernens?
- Welche Lerninhalte der Unterrichtsstunde bereiten auf später zu unterrichtende Inhalte vor oder können auf diese eine fördernde Wirkung entfalten?

Ergänzend ist bei der Planung der Unterrichtsstunde darauf zu achten, ob die in der Fachliteratur verwendeten Fachwörter das Lernen der Inhalte günstig oder eher ungünstig beeinflussen können. Nicht jedes Fachwort trägt zu einem besseren Verständnis des Unterrichtsinhalts bei. Mit Blick auf die Erreichung der Unterrichtsziele klug gewählte Fachwörter können dann aber die Lernleistung der Schülerinnen und Schüler verbessern (NITZ 2012).

Leitfragen

- Welche Fachwörter müssen eingeführt werden, auf welche kann verzichtet werden?
- Welche Fachwörter können das Lernen behindern oder fördern?

Beispiel: Fachliche Klärung 2

Brennweite, Brennpunkt, Brechwert, Dioptrien, Streu-(konkave) und Sammellinse (konvexe L.) usw. Im Kontext der Strahlenoptik kommen zahlreiche Fachwörter als potenzielle Lernwörter mit zum Teil synonymer Bedeutung für die Unterrichtsstunde in Frage. Für ein grundlegendes Verständnis der Myopie reicht es aus, die Wörter Brechkraft, Streu- und Sammellinse einzuführen.

Es ist mir nicht bekannt, ob es den Schülern Schwierigkeiten bereitet, diese Wörter zu verstehen, und ob das Verstehen der Kurzsichtigkeit und ihrer Behandlungsmöglichkeiten dadurch behindert wird.

Welche Fachwörter sollen verwendet werden?

Behindern die Fachwörter möglicherweise das Erlernen des Unterrichtsinhalts?

Achtung! Merken für Reflexion

Schritt 3b: Klärung der Lernervoraussetzungen

Die Klärung der Lernervoraussetzungen umfasst Interessen, vorunterrichtliche Vorstellungen und kognitive wie methodische Fähigkeiten der Lernenden. Zu den Interessen der Lernenden an biologischen Themen gibt es eine Reihe von Untersuchungen, deren Ergebnisse geeignet sind, Vorschläge für die Gestaltung eines interessenförderlichen Unterrichts zu machen (vgl. GEBHARD 2023). Die Vorschläge fallen jedoch nicht so spezifisch aus, als dass sie dedizierte Gebrauchsanweisungen für einzelne Stunden enthielten. Daher sind gerade Berufsanfänger auf Vermutungen über mögliche Interessen angewiesen, die in der Unterrichtsstunde einer Überprüfung zugeführt werden und nach der Unterrichtsstunde reflektiert werden sollten. Wichtig ist es, sich bewusst zu sein, dass die eigenen Interessen nicht deckungsgleich mit denjenigen der Lernenden sein werden. Als Richtschnur kann gelten, dass Inhalte, die alltagsnahen Kontexten und damit der Erfahrungswelt der Unterrichteten entspringen, auf größeres Interesse stoßen als Zugänge zu Inhalten aus rein fachlichen Kontexten. Nähere Informationen zu günstigen Kontexten finden sich im Kap. Aufgaben (4.7).

! Vermutungen über mögliche Schülerinteressen sollten nach der Stunde auf ihr Zutreffen überprüft werden

Leitfragen

- Welche Anknüpfungspunkte bestehen zwischen der Erfahrungswelt der Lernenden und dem Unterrichtsthema?

Beispiel: Berücksichtigung von Interessen

Rückgriff auf allgemeine Befunde zu Schülerinteressen an biologischen Themen

... Humanbiologische Themen stoßen bei Schülern auf ein mittleres Interesse (vgl. GEBHARD 2023). Es ist zunächst zu vermuten, dass dies für das Sehen ebenso zutrifft ...

Vermutungen über Anknüpfungspunkte für Lernende

Fehlsichtigkeiten sind den Schülern unmittelbar (als Betroffene) oder mittelbar aus ihrem alltäglichen Umfeld bekannt. Zudem ist davon auszugehen, dass die unterschiedlichen Möglichkeiten zur Behandlung von Fehlsichtigkeiten (Brillen, Kontaktlinsen, Laser-Behandlung) vor dem Hintergrund der Identitätsfindung der Jugendlichen auf Interesse stoßen können, da Sehhilfen auf der einen Seite als Makel für die Empfindung des eigenen Äußeren wahrgenommen werden könnten. Andererseits können ausgefallene Brillenformen oder farbige Kontaktlinsen, die die Augenfarbe verändern, als Modeaccessoires gelten.

Laser-Behandlungen lassen andere Korrekturformen überflüssig werden und können daher als weitere Alternative der Korrektur für Fehlsichtigkeiten interessant erscheinen ...

Vorwissen und Einstellungen der Lernenden zum Inhalt der Unterrichtsstunde beeinflussen maßgeblich den möglichen Lernerfolg. In der fachdidaktischen Literatur wird in diesem Zusammenhang synonym von vorunterrichtlichen Vorstellungen, Alltags- oder Schülervorstellungen gesprochen (vgl. WEITZEL 2025). Aufgrund ihrer Bedeutung für den Lernerfolg ist es notwendig, die vorunterrichtlichen Vorstellungen der Lernenden bei der Planung der Unterrichtsstunde zu berücksichtigen. Zum Teil können Sie bereits bei der Materialsuche in Schritt 2 auf vorunterrichtliche Vorstellungen zum geplanten Thema stoßen. Wenn dies nicht der Fall ist, können die Vorstellungen der Lernenden auch selbst etwa über Kartenabfragen erhoben werden.

Zwischen Vorwissen und Vorstellungen unterscheiden

Die Bezeichnungen „Alltags-, Schüler- oder vorunterrichtliche Vorstellungen" beschreiben Faktenwissen, Wissen über Zusammenhänge zwischen den Fakten und erklärende Prinzipien. Wenn in der Biologiedidaktik von Vorstellungen gesprochen wird, ist damit das Ergebnis der individuellen und bedeutungsvollen Verarbeitung von Fakten gemeint. Mit Vorstellungen werden folglich biologische Phänomene erklärt. Die Erklärungen können mehr oder weniger fachlich angemessen sein, sie sind aber immer das Ergebnis eines Denkprozesses. Manche Autoren definieren den Begriff Vorstellungen noch weiter und sehen darin auch Emotionen, ästhetische oder ethische Aspekte wie Selbst- und Weltbilder inbegriffen (SCHRENK ET AL. 2019).

Vorwissen ist Faktenwissen

Beginnende Lehrkräfte neigen dazu, Schülervorstellungen mit Faktenwissen aus vorangegangenem Unterricht gleichzusetzen (WEITZEL/BLANK 2019), was sich in Formulierungen widerspiegelt wie: „*Die Lernenden können die Bezeichnungen für Strukturen eines Auges wiedergeben.*" Oder in Unterrichtseinstiegen, in denen das *Vorwissen* der Klasse mit der Frage gesammelt wird: „Was wisst ihr schon über das Auge?" Eine Frage nach den Vorstellungen erfordert immer die Aufforderung zum Denken und könnte dann beispielsweise lauten „Wie erklärst du dir, warum eine kurzsichtige Person Gegenstände in der Ferne nicht scharf sehen kann?". Um dieses potentielle Missverständnis zwischen den Bezeichnungen *Vorwissen* und *Vorstellungen* zu vermeiden, schlagen wir vereinfachend vor, den Ausdruck *Vorwissen* für Daten, Definitionen usw., also für Faktenwissen zu verwenden und von *Vorstellungen* erst dann zu sprechen, wenn Erklärungen der Schülerinnen und Schüler, also das Ergebnis kognitiver Verarbeitung gemeint sind (s. Kap. 1).

Vorstellungen sind Erklärungen für Phänomene

Zum festgelegten Unterrichtsthema wurden bereits Vorstellungen von Oberstufenschülern erhoben und darauf aufbauend Unterrichtsvorschläge für die zehnte bis zwölfte Klasse entwickelt (GROPENGIESSER 2002). Auf diese kann zur Orientierung bei der Planung der Unterrichtseinheit zurückgegriffen werden. Zu beachten ist dabei allerdings, dass die Vorstellungen von jüngeren Lernenden von denen älterer, die den Unterricht der Sekundarstufe I zum Thema Sehen bereits durchlaufen haben, abweichen können.

Leitfragen
- Über welche Vorstellungen verfügen die Lernenden zum Unterrichtsthema und wie beeinflussen die Vorstellungen die Planung der Unterrichtsstunde?

Beispiel: Beachtung von Schülervorstellungen
… Es wurden bislang keine Vorstellungen dazu erhoben, wie sich Schüler die Entstehung der Kurzsichtigkeit erklären. GROPENGIESSER (2002) zeigt auf einer allgemeinen Ebene, dass ein Schüler gleichzeitig über mehrere sich widersprechende Vorstellungen zum Sehen verfügen kann. Nach einer dieser Vorstellungen führt der Sehvorgang vom Auge aus in Richtung des zu sehenden Gegenstandes. Sehen ist danach ein bewusster Vorgang einer Person („man guckt etwas an"). Nach einer anderen Vorstellung fängt Sehen beim Objekt an und führt in Richtung des Auges (GROPENGIESSER 2002, 8).

Es ist für die Planung noch wichtig, festzuhalten, dass bei der Betrachtung der Kurzsichtigkeit nur eine der beiden Vorstellungen zum Sehen aufgegriffen und dadurch der Widerspruch zwischen beiden nicht aufgelöst werden kann. Dies muss in einer der Folgestunden geschehen. In dieser Stunde können jedoch die Vorstellungen gefestigt werden, dass zum Sehen Licht notwendig ist und dass Gegenstände, die über das Auge auf die Netzhaut gelangen, verfremdet abgebildet werden können …

Schritt 3c: Wahl des Kompetenzschwerpunkts

Im kompetenzorientierten Unterricht wird die Planung der Unterrichtsstunde um die Wahl der im Unterricht schwerpunktmäßig zu fördernden Kompetenzen erweitert.

Leitfragen
- Welche Kompetenzen aus welchen Kompetenzbereichen sollen schwerpunktmäßig gefördert werden?

Prinzipiell lässt jeder Unterrichtsinhalt verschiedene Schwerpunktsetzungen zu, die mehr als einen Kompetenzbereich bedienen können. Die reflektierte, d. h. analytische und damit begründbare Wahl des Schwerpunkts ist eine Eigenschaft einer professionellen Lehrkraft (s. siehe Kapitel 2: *Exkurs Reflexivität*). Im Fachunterricht liegt ein Schwerpunkt häufig auf einem fachlichen Inhalt (hier: Ursachen von Kurzsichtigkeit, Behandlungsmöglichkeiten). Der gewählte Inhalt ist der Kompetenz 2.4 aus dem Kompetenzbereich Fachwissen zuzurechnen:
F2.4 Die Schüler beschreiben und erklären Struktur und Funktion von Organen und Organsystemen, z. B. bei der Stoff- und Energieumwandlung, Steuerung und Regelung, Informationsverarbeitung, Vererbung und Reproduktion (KMK 2004).

Grundsätzlich sollte bei der Planung von Biologieunterricht aber mitbedacht werden, ob sich der Unterrichtsinhalt zur Förderung weiterer Kompetenzbereiche anbietet. So eignet sich das Thema Kurzsichtigkeit und ihre Behandlung beispielsweise zur Vermittlung von Kompetenzen aus dem Kompetenzbereich Erkenntnisgewinnung.

Die Wahl des Kompetenzbereichs beeinflusst die Anordnung der Lerninhalte

Beispiel: Auswahl zu fördernder Kompetenzen aus dem Kompetenzbereich Erkenntnisgewinnung
Die Schülerinnen und Schüler …
E6 planen einfache Experimente, führen die Experimente durch und/oder werten sie aus,
E7 wenden Schritte aus dem experimentellen Weg der Erkenntnisgewinnung zur Erklärung an,
E10 analysieren Wechselwirkungen mithilfe von Modellen.

Potenziell zu fördernde Kompetenzen

In unserem Fall wird dadurch ein experimentelles Vorgehen auf der Grundlage der Nutzung von Modellen (Kap. 4.5) angestoßen. Die fachgemäße Arbeitsweise „Experimentieren" wird in der Arbeit mit Modellen somit zu einem eigenen Unterrichtsinhalt, der einer fachlichen Klärung unterzogen werden musmuss (siehe Kapitel 4.4, Abschnitt *Experimente planen und durchführen*). Zusätzlich ist im Rahmen der Klärung der Lernervoraussetzungen zu fragen, über welche Vorstellungen die Lernenden zum Experimentieren oder zur Arbeit mit Modellen verfügen, da davon Unterrichtsverlauf und einzuplanender zeitlicher Umfang innerhalb der Unterrichtsstunde abhängen. Bevor jedoch endgültig eine Festlegung auf die Arbeit mit Modellen erfolgen kann, muss die ganz praktische Frage geklärt werden, ob dies die Lernbedingungen an der Schule überhaupt zulassen.

Schritt 3d: Lernbedingungen erkunden

Die Verfügbarkeit einer hinreichenden Anzahl geeigneter Modelle (hier: optische Bank, siehe Abb. 9) ist eine wesentliche Voraussetzung für die Planung der Unterrichtsstunde. Wenn die Modelle vorhanden sind, kann der Lerninhalt in der intendierten Weise festgeklopft werden, wenn nicht, muss entweder auf andere Modelle zurückgegriffen werden (in unserem Falle auf Simulationen) oder im schlimmsten Fall die didaktische Konstruktion erneut begonnen werden. Neben den räumlichen Bedingungen und der Ausstattung der Schule sind stets auch die Bedingungen der Klasse zu prüfen, etwa wenn wie in unserem Fall ein experimentelles Vorgehen geplant ist.

Am Ende der didaktischen Konstruktion werden deren Teilergebnisse zusammengeführt. Dazu werden Unterrichtsziele formuliert und die Inhalte in eine begründbare Abfolge gebracht. Wir bestimmen in unserer Beispielplanung als fachlichen Schwerpunkt die Achsenmyopie und begründen dies mit ihrer weiten Verbreitung bereits bei Jugendlichen und der damit einhergehenden gesellschaftlichen Bedeutung. Zur Korrektur der Kurzsichtigkeit wählen wir als Möglichkeit die Brille und damit einen Kontext aus dem Bereich „Alltagsleben und Gesundheit" (vgl. Kap. 4.7, S. 134), da wir hierzu Anknüpfungspunkte der Lernenden aus ihrer unmittelbaren oder mittelbaren Erfahrungswelt sowie darauf aufbauendes Interesse vermuten. Dieser Kontext erlaubt zudem eine spätere inhaltliche Ausdifferenzierung z. B. über den Einbezug weiterer Sehhilfen (Kontaktlinsen) oder Heilbehandlungen (diverse Laserbehandlungsmöglichkeiten, z. B. Lasik, Lasek, cTan), die im Hinblick auf die Anbahnung gesellschaftlicher Handlungsfähigkeit vertieft behandelt werden könnten.

Exkurs: Lernbedingungen

Das Wort Lernbedingungen bezieht sich traditionellerweise zum einen auf die äußeren Rahmenbedingungen des Unterrichts und zum anderen auf die individuellen Voraussetzungen der Lerner, die zum Teil bereits unter Schritt 3b angesprochen worden sind. Unter den äußeren Rahmenbedingungen sind die Bedingungen der Schule von jenen der Klasse zu unterscheiden. Die folgende Checkliste kann zur Prüfung der notwendigen Voraussetzungen herangezogen werden.

Bedingungen der Schule: Räumlichkeiten und Ausstattung

- Steht ein Fachraum zur Verfügung?
- Enthält der Fachraum die Geräte, die für den Unterricht benötigt werden, auch in ausreichender Zahl oder Menge (Beamer, Laptops, Tablets, WLAN, Mikroskope, Magnetrührer, Waagen, Glaswaren, Chemikalien usw.)?
- Funktionieren alle Geräte, Strom-, Gas-, Wasseranschlüsse, Mikroskope usw.?

- Sind die Schlüssel für alle Geräte- und Materialschränke vorhanden?
- Funktionieren die Abzüge usw.?
- Sind die benötigten oder erwünschten Medien und Modelle in hinreichender Zahl verfügbar?
- Lässt sich die räumliche Anordnung der Plätze passend zu den geplanten Methoden verändern (z. B. Stuhlkreis möglich)?

Bedingungen der Klasse:
Wie viele Schüler sind in der Klasse?
Ist die Klassenstärke so begrenzt, dass mit allen gemeinsam experimentiert werden darf? Wenn nicht: Gibt es die Möglichkeit, zum Experimentieren auf Randstunden auszuweichen und mit „halben" Klassen zu arbeiten?
In welchen Sozialformen ist die Klasse geübt? Die Einführung neuer Sozialformen benötigt Zeit und Übung und kann dazu zwingen, die Planung der Unterrichtsstunde zu überdenken.
Gibt es in der Klasse Rituale, mit denen der Übergang zwischen einzelnen Unterrichtsphasen deutlich gemacht wird (Handzeichen, akustische Zeichen etc.)?

An der Seite des fachlichen Inhalts steht gleichberechtigt die Förderung von Kompetenzen aus dem Bereich Erkenntnisgewinnung. Dazu sollen die Lernenden einen Versuchsansatz planen und die Planung anschließend umsetzen. Auf dieser Grundlage können sie geeignete Sehhilfen testen (auf der optischen Bank montierte Linsen). Die Lernbedingungen vor Ort lassen aufgrund unserer freundlichen Kolleginnen aus der Physik die Arbeit mit optischen Bänken zu. Als Unterrichtsziele könnten formuliert werden:
Die Schülerinnen und Schüler können …

- Elemente der optischen Bank mit der Augenanatomie analogisieren,
- mithilfe der optischen Bank erklären, dass bei Kurzsichtigkeit keine punktförmige Abbildung des Gegenstandes auf der Netzhaut erfolgt,
- Linsen zielgerichtet auswählen und so auf der optischen Bank anordnen, dass eine Korrektur des optischen Abbildungsfehlers ermöglicht wird.

Die Unterrichtsziele stellen dabei den Unterrichtsinhalt verdichtet dar, ihre Reihenfolge spiegelt die Abfolge der Unterrichtsinhalte wider.

Unterrichtsinhalte anordnen

Wir haben uns in den bisherigen Planungsüberlegungen für ein experimentelles Vorgehen entschieden. Aus der Vielzahl verfügbarer Unterrichtskonzepte (vgl. MEISERT 2012) wird in unserer Stunde auf das Konzept des forschend-entwickelnden Unterrichts zurückgegriffen (SCHMIDKUNZ/LINDEMANN 1992), da dieses in besonderem Maße ermöglicht, Experimentieren als naturwissenschaftlichen Erkenntnisweg zu beleuchten. Forschend-entwickelnder Unterricht durchläuft hierfür sukzessive mehrere Phasen, die jeweils aufeinander aufbauen (vgl. MEISERT 2012, 245 ff.):

Phase	Lern- bzw. Arbeitsschritte
(Wiederholung) ⟵	Sicherung/Aktualisierung der Lernvoraussetzungen bzw. (Prä-)Konzepte
Einstieg/Problem ⟵	Initialphase/Fragwürdigkeit des Phänomens erfassen – Begrenztheit der bisherigen Konzepte erfahren
↱ Lösungsplanung I ⟵	Hypothesenbildung/Generierung neuer Erklärungsansätze bzw. Konzepte
Lösungsplanung II ⟵	Entwicklung einer Überprüfungsmöglichkeit, eines Untersuchungsansatzes/kreative Methodenentwicklung
Erarbeitung ⟵	Erarbeitung/Umsetzung der eigenen Planung – Datenerhebung
└ Auswertung ⟵	Ergebnisse/Deutung/Schlussfolgerungen/Rückbezug zu den Hypothesen (Falsifikation/Verifikation)
Festigung ⟵	Sicherung des Erlernten/Übertragung in andere Darstellungsformen
Vertiefung ⟵	Erkenntniserweiterung/Einbeziehung weiterer Beispiele
(neues Problem) ⟵	erneute Initialphase auf der Grundlage des Erarbeiteten

Tab. 3: Phasen und Lernschritte im forschend-entwickelnden Unterricht

Aufgrund seiner starr erscheinenden Abfolge von Phasen wirkt forschend-entwickelnder Unterricht recht determiniert. Jedoch ist es im Sinne der Kompetenzförderung möglich, den Schwerpunkt auf einzelne Phasen zu legen. In unserem Unterricht soll der Fokus auf der Planung geeigneter Modellexperimente liegen (vgl. Kap. 4.4) – hier zur Überprüfung der Ursachen von Kurzsichtigkeit. Auf der Klärung dieser Frage fußt die Behandlung der Kurzsichtigkeit durch das Testen geeigneter Linsen. Daher werden in der Schilderung des Eingangsphänomens bereits Hypothesen aufgeworfen, zu deren Überprüfung die Lernenden Modellexperimente planen sollen.

Exkurs: Wie können Unterrichtsziele formuliert werden?
Unterrichtsziele sind die in Worte gefassten Vorstellungen über die Verhaltensänderungen, die mit dem Unterricht bei den Lernenden erreicht werden sollen. Mit ihnen kann überprüft werden, ob die einzelnen Lernenden das Ziel des Unterrichts erreicht haben. Sie sind folglich Diagnoseinstrumente. Damit Unterrichtsziele diese Aufgabe erfüllen können, müssen sie präzise formuliert sein. Sie setzen sich stets aus einem Inhalts- und einem Handlungsaspekt zusammen (vgl. MEISERT 2012). Der Inhaltsaspekt gibt an, *was* die Schüler lernen sollen. Der Handlungsaspekt beschreibt, *wie die Lehrkraft erfahren will*, ob ihre Schüler den Inhalt in der Weise, wie sie es wünscht, auch erlernt haben. Dazu müssen die von außen nicht einsehbaren Verstehensprozesse der Lernenden in sichtbare Handlungen übersetzt werden. Geeignet zur Beschreibung des Handlungsaspekts sind daher nur solche Verben, die das erwartete Verhalten eindeutig und für die Lehrkraft nachvollziehbar kennzeichnen.

Die Schülerinnen und Schüler sollen …

den Aufbau des Augapfels	*beschreiben können.*
Inhaltsaspekt	Handlungsaspekt
eine geeignete Linse zur Korrektur des eingestellten Abbildungsfehlers für die optische Bank	*auswählen und justieren können.*
Inhaltsaspekt	Handlungsaspekt

Eine Reihe von Verben zur adäquaten Formulierung des Handlungsaspekts – sogenannte Operatoren – finden sich in Kap. 4.7, Tab. 12. Nicht geeignet sind Formulierungen wie „wissen, verstehen, kennen lernen, erfahren“ usw., bei denen der Außenstehende, also beispielsweise die Lehrkraft, das von den Lernenden erwartete Zielverhalten nicht einsehen kann.

In welchem Verhältnis stehen Unterrichtsziele zu Kompetenzen und Bildungsstandards?

Bildungsstandards definieren verbindliche Bildungsziele. Sie konzentrieren sich auf den Output des Lernens, also auf Ergebnisse von Lehren und Lernen, die am Ende einer bestimmten Phase erreicht sein sollen (z. B. nach der siebten oder neunten Klasse oder zum Erlangen eines Abschlusses wie der mittleren Reife). Dazu werden in den Bildungsstandards Leistungen formuliert, die als Kompetenzen bezeichnet werden. Die einzelnen Kompetenzen lassen sich Kompetenzbereichen zuordnen. Für die Biologie sind dies nach den Bildungsstandards für den mittleren Schulabschluss (KMK 2004) die Kompetenzbereiche *Fachwissen, Erkenntnisgewinnung, Kommunikation* und *Bewertung*. Die 2020 veröffentlichten Bildungsstandards für die Allgemeine Hochschulreife stellen den Kompetenzbegriff sprachlich noch stärker in den Vordergrund und unterscheiden zwischen Sachkompetenz, Erkenntnisgewinnungskompetenz, Kommunikationskompetenz und Bewertungskompetenz (KMK 2020).

Da Kompetenzen ein Zielverhalten am Ende einer Bildungsphase beschreiben, ist es weiterhin notwendig, für jede Stunde Unterrichtsziele zu formulieren, die als Etappen oder Teilziele auf dem Weg zur erwünschten Leistung – der Kompetenz – zu verstehen sind (Abb. unten).

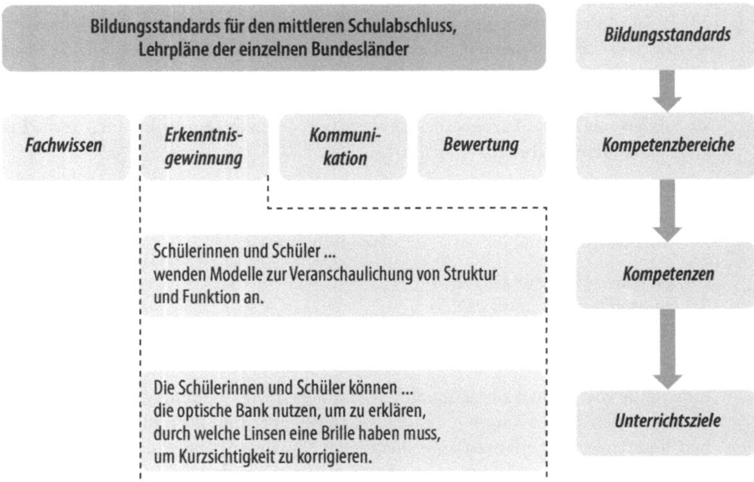

Abb. 8: Bildungsstandards, Kompetenzbereiche, Kompetenzen und Unterrichtsziele stehen zueinander in einer hierarchischen Beziehung

Schritt 4: Die Unterrichtsstunde methodisch konstruieren

An die Entscheidungen im Rahmen der didaktischen Konstruktion schließen sich Überlegungen zur praktischen Gestaltung der Unterrichtsstunde an. Diese Überlegungen betreffen die Auswahl der *Sozialformen, Handlungsmuster* und *fachspezifischen Arbeitsweisen* (siehe Kap. 4.1–4.5 und SPÖRHASE 2012a), die Gestaltung der Unterrichtsgespräche und Übergänge zwischen Unterrichtsphasen (siehe Kap. 4.3) sowie die Auswahl und Gestaltung der Materialien und Medien (siehe Kap. 4.6 und 4.7). Wir haben diesen Planungsaufgaben jeweils eigene Kapitel gewidmet, weil deren zielgerechte Umsetzung breiten Raum im Berufsalltag einnimmt. An dieser Stelle soll lediglich exemplarisch der Einstieg in die hier entwickelte Unterrichtsstunde beschrieben werden, um zu erläutern, wie der Übergang von der didaktischen zur methodischen Konstruktion einer Unterrichtsstunde erfolgen kann.

Unterrichtseinstiege führen thematisch in eine Unterrichtsstunde ein (siehe Kap. 4.1). Gemäß ihrer didaktischen Funktion können für eine Unterrichtsstunde unterschiedliche Einstiege in Frage kommen. Für unsere Zielsetzung ist ein problemorientierter Einstieg geeignet, der ein Phänomen an den Anfang der Unterrichtsstunde stellt, mit dem Ziel, bei den Lernenden, eine fragende Haltung zu erzeugen. Der zugrundeliegende Text (siehe Kasten) könnte mündlich vorgetragen oder als Informationstext in die Klasse hineingegeben werden. Da die Lernenden als Grundlage für die Planung ihrer Experimentalansätze die im Text beschriebenen Vermutungen des Protagonisten Mark benötigen, wäre hier die schriftliche Form der mündlichen Erzählung vorzuziehen. Alternativ müssten die Vermutungen zunächst anderweitig, z. B. an der Tafel, visualisiert werden.

Beispiel: Unterrichtseinstieg

Mark ist in den letzten Wochen ziemlich genervt von seiner kleinen Schwester Ira, die sich beim abendlichen Fernsehen immer nah vor den Fernseher setzt und ihm damit den Blick versperrt. Zurzeit behandelt er im Biologieunterricht das Thema Sehen. Das hat ihn auf eine Idee gebracht. Vielleicht kann Ira das Fernsehbild nur scharf sehen, wenn sie nah davor sitzt. Aber eigentlich hat er gelernt, dass ein Gegenstand auf der Netzhaut punktförmig und damit scharf abgebildet wird. Mark überlegt, ob Iras Augen irgendwie anders gebaut sein könnten, sodass keine punktförmige Abbildung möglich ist. Zum Test hat er mit Ira schon einen Versuch aus der Schule gemacht, den Nahpunkt bestimmt und dabei festgestellt, dass sie den Bleistift fast bis ans Auge ranführen konnte und ihn dann immer noch scharf sah. Das scheint seine Vermutung zu bestätigen. Er überlegt, welcher Teil des Auges anders gebaut sein könnte, …

An dieser Stelle bricht der Text ab, es folgt eine Überleitung durch die Lehrkraft, die die Lernenden dazu auffordert, Marks Vermutung aufzunehmen und weiterzudenken. Dies kann in einem Unterrichtsgespräch geschehen, vor das zusätzlich eine Gruppenarbeitsphase geschaltet werden kann, in der die Lernenden zunächst unter sich ihre Ideen austauschen können. Anschließend werden die Lernenden aufgefordert, ihre Hypothesen zu überprüfen. Als Sozialform bietet sich hierfür Gruppenunterricht an (siehe Kap. 4.2). Vor die Gruppenarbeitsphase müssen noch prozessbezogene Anweisungen der Lehrkraft eingeschoben werden, die die Zusammensetzung der Gruppen, die Zeitdauer der Gruppenphase und die Arbeit mit der optischen Bank betreffen. Dies könnte beispielsweise in einem kurzen Lehrervortrag geschehen.

Leitfragen
- Welche Sozialform/fachspezifische Arbeitsweise ist am besten geeignet, um die geplanten Ziele zu erreichen, und ist unter den gegebenen schulischen Bedingungen realisierbar?
- Sind den Lernenden die Sozialform, das Handlungsmuster, die fachspezifische Arbeitsweise bekannt oder müssen diese neu eingeführt werden?
- Welche Medien können unter den gegebenen schulischen Bedingungen und Lernvoraussetzungen gewählt werden, um die geplanten Ziele zu erreichen?
- Wie können die Materialien wie Aufgaben, Arbeitsblätter, Folien usw. gestaltet werden, um die geplanten Ziele zu erreichen?

3.2 Mit Verlaufsskizzen den Überblick behalten

Für die tägliche Arbeit ist es wichtig, eine handliche Form für eine Übersicht zu finden, die in den Unterricht mitgenommen werden kann. Mit ihr sollten zum einen die wesentlichen Planungsschritte der Unterrichtsstunde als Grundlage für erneuten Unterricht zum Thema und/oder die Reflexion festgehalten werden können, und sie sollte zum anderen während der Stunde als Übersicht, Erinnerungs- und Orientierungshilfe dienen können. In unseren Augen kann dies eine tabellarische Verlaufsskizze leisten, wenn sie der Lehrkraft

1. einen Überblick über die Unterrichtsschritte und deren zeitliche Ausdehnung gibt,
2. die Kommunikationsstruktur zwischen Lernenden und Lehrkraft beschreibt,
3. die Handlungen von Lernenden und Lehrkraft darstellt und
4. die Materialien und Medien auflistet, die zu einem bestimmten Zeitpunkt benötigt werden.

Checkliste „Eine Unterrichtsstunde planen"

Schritt 1: Festlegung des Stundenthemas
- Wie lautet das Thema der Stunde?

Schritt 2: Sammlung von Unterrichtsideen und -materialien
- Welche Unterrichtsmaterialien gibt es zu dem zu unterrichtenden Thema?

Schritt 3: Didaktische Konstruktion
- Welche Lerninhalte sind zu einem grundlegenden Verständnis des Themas der Unterrichtsstunde notwendig?
- Wie knüpfen die Lerninhalte der Unterrichtsstunde an die der vorangehenden Unterrichtsstunden an und ermöglichen auf diese Weise ein vertieftes Verständnis der zuvor unterrichteten Inhalte im Sinne eines kumulativen Lernens?

- Welche Lerninhalte der Unterrichtsstunde bereiten auf später zu unterrichtende Inhalte vor oder können auf diese eine fördernde Wirkung entfalten?
- Welche Fachwörter können das Lernen behindern und sollten daher entweder weggelassen oder neugeprägt eingeführt werden?
- Welche Anknüpfungspunkte bestehen zwischen der Erfahrungswelt der Lernenden und dem Unterrichtsthema?
- Über welche Vorstellungen zum Unterrichtsthema verfügen die Lernenden, und wie beeinflussen die Vorstellungen die Planung der Unterrichtsstunde?
- Welche Kompetenz aus welchem Kompetenzbereich soll schwerpunktmäßig gefördert werden?
- Lassen die Lernbedingungen vor Ort (äußere Rahmenbedingungen und Bedingungen der Klasse) die Thematisierung der gewählten Inhalte zu?
- Wie lauten die Ziele der Unterrichtsstunde?

Schritt 4: Methodische Konstruktion
- Welche Sozialform / fachspezifische Arbeitsweise ist am besten geeignet, um die geplanten Ziele zu erreichen, und ist unter den gegebenen schulischen Bedingungen realisierbar?
- Sind den Lernenden die Sozialform, das Handlungsmuster, die fachspezifische Arbeitsweise bekannt oder müssen diese neu eingeführt werden?
- Welche Medien können unter den gegebenen schulischen Bedingungen und Lernvoraussetzungen gewählt werden, um die geplanten Ziele zu erreichen?
- Wie können die Materialien wie Aufgaben, Arbeitsblätter, Folien usw. gestaltet werden, um die geplanten Ziele zu erreichen?

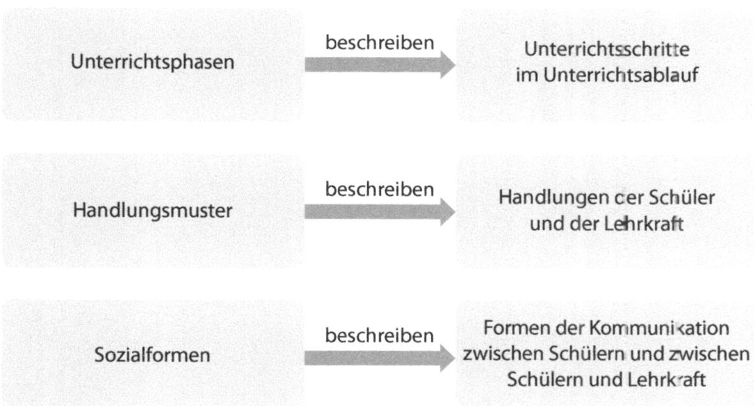

Der Aufbau der Unterrichtsskizze im Einzelnen ist von den Bedürfnissen der Lehrkraft abhängig. Sinnvolle Kategorien umfassen Unterrichtsschritte, die in Form von Unterrichtsphasen (Einstieg, Erarbeitung, …) offenbar werden und die um deren zeitliche Ausdehnung ergänzt werden können. Die Handlungsmuster können eine weitere Spalte bilden. Darin werden die

Aktivitäten der Lernenden und der Lehrkraft beschrieben. Vor dem Hintergrund der Reflexion (vgl. Kap. 5) und der Wiederverwendbarkeit des geplanten Unterrichts in späteren Schuljahren können in dieser Spalte auch „Gelenk-“ oder „Schlüsselstellen“ der Unterrichtsstunde möglichst präzise aufgeführt werden. Hierhin gehören Aspekte der Steuerung des Unterrichtsprozesses (z. B. „Kommt zur Auswertung bitte alle nach vorne“, „Packt bitte vor Beginn des Experiments alle Hefte, Bücher, Stifte in eure Taschen“, „Für die Gruppenarbeit gibt es folgende Rollen zu verteilen: …“) und solche, die wesentlich für die inhaltliche Progression sind (z. B. Leitfragen im Unterrichtsgespräch, Aufgabenstellungen usw. – siehe auch Kap. 4.3).

Eine weitere Spalte umfasst die Kommunikationsformen sowohl zwischen den Lernenden als auch zwischen Lernenden und Lehrkraft. Schließlich können Materialien und Medien aufgeführt werden. Dadurch kann die Lehrkraft im Vorfeld überprüfen, ob sie alle benötigten Dinge „beisammenhat“. Zudem dient der Inhalt der Spalte als Erinnerungshilfe in der Stresssituation Unterricht. Zusätzlich ist es sinnvoll, im Vorfeld zu überlegen, in welcher Form Unterrichtsergebnisse visualisiert werden sollen (Tafel, Visualizer, Filmaufnahmen von Versuchen usw.).

Thema: Wenn der Augapfel zu lang ist

Unterrichtsziele: Die Schülerinnen und Schüler sollen …
- mithilfe der optischen Bank erklären, dass bei Kurzsichtigkeit keine punktförmige Abbildung eines Gegenstands auf der Netzhaut erfolgt.
- …

Ziele präzise notieren

Zeit	Aktivitäten	Sozialform	Materialien/Medien
09:25	*Begrüßung und Einstieg*		
	„Betrachtetet euch bitte die folgende Abbildung. Sie stellt dar, wie Thomas, wenn er etwa 8 Meter von der Tafel entfernt ist, das Tafelbild sehen kann. Versucht bitte, seinen Seheindruck zu beschreiben, und überlegt anschließend, worin die Ursache für seinen Seheindruck bestehen kann."	*Plenumsunterricht*	*Overhead-Projektor, Folie – unscharfes Tafelbild*
	…		
09:35	*Erarbeitung*		
	„Eure Aufgabe ist es nun, die Vermutungen, die formuliert wurden, mithilfe der optischen Bänke zu überprüfen. Ihr habt dazu 30 Minuten Zeit." ***Nicht vergessen, Regeln für die Gruppenarbeit zu wiederholen und Rolleneinteilung zu überprüfen!*** *SuS arbeiten an den optischen Bänken, L. unterstützt bei Bedarf*	*Gruppenunterricht*	*4 optische Bänke mit Korrekturlinsensets, 2 Augenmodelle, Zeichenvorlagen*
	…		

Gelenkstellen ausformulieren

Tatsächliche Unterrichtszeit aufschreiben, damit keine Umrechnung in der Stunde notwendig ist

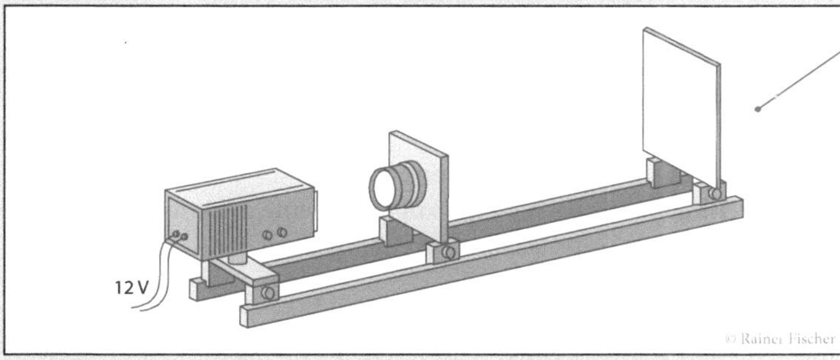

Tafelbild vorher als Erinnerungs- und Strukturierungshilfe skizzieren

Bemerkungen:
Einstieg über farbige Kontaktlinsen in 7a ist auf größeres Interesse gestoßen als unscharfes Tafelbild in 7b, es war aber schwer, anschließend den Blick auf die Ursache der Kurzsichtigkeit zu richten.

Bemerkungen als Erinnerungshilfen für den Fall der Wiederholung des Unterrichts

Abb. 9: Beispiel für eine Verlaufsskizze des Unterrichts

4 Unterrichtsmethoden wählen

Ein Unterrichtseinstieg ist mehr als ein Unterrichtsbeginn

4.1 Geeignete Unterrichtseinstiege wählen

Petra Baisch

Es gibt viele Möglichkeiten, Unterrichtsstunden zu beginnen. In diesem Kapitel werden verschiedene Formen von Unterrichtseinstiegen mit den jeweils mit ihnen verfolgten Zielen vorgestellt.

Beispiele: Häufiger Unterrichtsbeginn
„Holt bitte eure Hausaufgaben heraus! Wer möchte seine Ergebnisse vorlesen?"
„Wer von euch weiß noch, womit wir uns in der letzten Stunde beschäftigt haben?"

Nicht jeder Unterrichtsbeginn dient dem Einstieg in ein neues Thema

Diese oder ähnliche Fragen stehen häufig am Beginn einer Unterrichtsstunde. Die erste Frage ist ein Beispiel für ein Stundeneröffnungsritual, das vor der eigentlichen inhaltlichen Arbeit abläuft. Solche Rituale dienen der Rhythmisierung des Schulalltages und geben den Lernenden die Möglichkeit, im Unterricht anzukommen. Sie ermöglichen damit Orientierung und Verlässlichkeit im Schulalltag.

Die zweite Frage ist ein Beispiel für eine Übung zum stofflichen Aufwärmen. Sie dient der thematischen Anknüpfung an die vorangegangene Unterrichtsstunde in möglichst kurzer und konzentrierter Form, um z. B. Arbeitsergebnisse wieder ins Gedächtnis zu rufen (Greving/Paradies 2018, 19). Von den beiden genannten Formen des Unterrichtsbeginns unterscheidet sich der Unterrichtseinstieg, der stets auf ein Thema bezogen ist, das für die Lernenden erschlossen werden soll (vgl. Meyer 2011, 122).

Funktionen des Unterrichtseinstiegs

Der Unterrichteinstieg besitzt eine kognitive, eine affektive und zuweilen auch eine psychomotorische Dimension. Er soll bei den Lernenden

- eine Fragehaltung hervorrufen,
- Neugierde erzeugen,
- Interesse und Aufmerksamkeit für das neue Thema wecken,
- Vorkenntnisse und Vorerfahrungen aktivieren und
- die Verantwortungsbereitschaft wecken, die weiteren Schritte mitzuplanen und mitzubestimmen,
- über den geplanten Verlauf des Unterrichts informieren,
- Kenntnisse in Frage stellen oder verfremden (Greving/Paradies 2018, 12).

Im Idealfall werden die Lernenden motiviert, Neues an Bekanntes anzubinden und sich aktiv auf das neue Thema einzulassen. Der sogenannte informierende Unterrichtseinstieg ist stark kognitiv ausgerichtet und verzichtet auf eine gesonderte Motivierung. Bei dieser Form werden die Lernenden von der Lehrkraft über das Thema, dessen Bedeutung und den Ablauf einer Unterrichtsstunde informiert. Es wird dabei davon ausgegangen, dass die Lernenden nicht durch irgendwelche „Tricks“ zu motivieren sind, sondern sich nur Lernbereitschaft entwickelt, wenn eine klare Präsentation der zu lernenden Inhalte erfolgt (vgl. GRELL/GRELL 2000, in GREVING/PARADIES 2018, 23). Der Vorteil der Transparenz des Lernprozesses wird beim informierenden Unterrichtseinstieg dadurch erkauft, dass den Lernenden die Chance genommen wird, sich selbst in den Unterrichtsinhalt hineinzudenken (MEYER 2011, 137).

Der informierende Unterrichtseinstieg ist stark kognitiv ausgerichtet

Formen des Unterrichtseinstiegs

Je nach Unterrichtsinhalt, Lerngruppe und Lehrkraft kann aus einer Fülle von Unterrichtseinstiegen gewählt werden. Immer ist bei der Auswahl aber zu beachten, dass der Unterrichtseinstieg als methodisches Element der didaktischen Konstruktion folgt und damit den didaktischen Überlegungen untergeordnet ist.

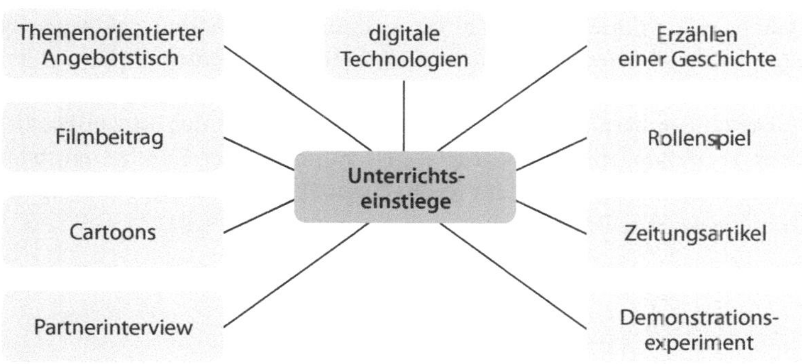

Abb. 10: Formen des Unterrichtseinstiegs

Ausgewählte didaktische Funktionen näher beleuchtet

Eine wichtige Funktion des Unterrichtseinstiegs ist es, bei den Lernenden Interesse für den Unterrichtsgegenstand zu wecken. Lernen mit Interesse gilt als nachhaltiger als Lernen ohne Interesse (vgl. VOGT/KRÜGER 2007, 10 f.). Häufig stehen Lernende einem neuen Unterrichtsthema zunächst indifferent gegenüber und die Entscheidung zur Auseinandersetzung mit dem Unterrichtsgegenstand ist meist extrinsisch motiviert. Der Unterrichtseinstieg hat seine Funktion dann erfüllt, wenn es gelingt, eine Beziehung zwischen dem Unterrichtsinhalt und dem einzelnen Lernenden herzustellen. Interesse kann auf verschiedene Weise geweckt werden, z.B. durch Emotionalisierung, anregungsreiche Kontexte oder kognitive Aktivierung.

Emotionalisierung findet dann statt, wenn Gefühle, Einstellungen und Werthaltungen aktiviert werden. Ziel ist es, den Unterrichtsgegenstand mit positiven Gefühlen und Erlebnisqualitäten zu verbinden und subjektiv bedeutsam werden zu lassen. Besondere Nähe schaffen Erzählungen über selbst erlebte Ereignisse. Auch die Auseinandersetzung mit autobiografischen Erzählungen kann Nähe zwischen den Lernenden und dem Unterrichtsinhalt schaffen. Interesse durch kognitive Aktivierung entsteht dann, wenn die Lernenden ihr Wissen und ihre Fähigkeiten bezüglich des Gegenstandes erweitern wollen. Ausgangspunkt ist dabei, dass die Lernenden die Grenzen ihrer bisherigen Erklärungen wahrnehmen.

Im naturwissenschaftlichen Unterricht steht häufig ein beobachtbares Phänomen am Beginn des Unterrichts, aus dem sich für die Lernenden eine oder mehrere Fragen ergeben. Die Auswahl des Einstiegsphänomens ist dabei von zentraler Bedeutung für das Gelingen des weiteren Vorgehens. Es muss für die Lernenden zugänglich sein, indem es Bekanntes und Unverstandenes kombiniert und sie anregt, sich mit dem Phänomen aktiv geistig auseinanderzusetzen (vgl. MEISERT 2019, 263). Dabei werden die Lernenden Ideen zur Erklärung des Phänomens äußern, die auf ihren vorhandenen Vorstellungen beruhen. Häufig stehen diese nicht mit den wissenschaftlichen Vorstellungen in Einklang, sodass ein kognitiver Konflikt entsteht. Dieser kann die Lernenden im Idealfall motivieren, nach einer Lösung für das aufgeworfene Problem zu suchen (vgl. WEITZEL 2019, 84).

Beispiel für einen Vorkenntnisse aktivierenden Unterrichtseinstieg mit Concept Cartoons

Cornelsen/Antje Kahl

Mit dem Einsatz von Concept Cartoons werden Schülervorstellungen sichtbar. Die Schüler*innen setzen sich mit verschiedenen Aussagen zu einem Lerngegenstand auseinander, wägen diese ab und beziehen Stellung dazu. Im Mittelpunkt eines Concept Cartoons steht ein Alltagsphänomen. Dieses wird grafisch präsentiert und von den dargestellten Kindern und Jugendlichen in Form eines Cartoons kommentiert. Neben den fachlich korrekten Vorstellungen werden alternative Vorstellungen zu einer Thematik oder einem Konzept im Dialog zwischen mindestens zwei Personen dargestellt (NAYLOR/KEOGH 1999). Die divergierenden Aussagen ermöglichen eine Diskussion über das Phänomen (ausführliche Erläuterung der Methode siehe WEITZEL 2018, 191–193). Häufig werden Concept Cartoons zur Reflexion und Förderung von Fachwissen eingesetzt, eignen sich aber ebenfalls zur Festigung und Unterstützung des Erwerbs von Methodenwissen, z. B. beim Experimentieren (vgl. ARNOLD/KREMER/MAYER 2016, 34).

Um die Meinungen und Vorstellungen der Schüler*innen zu bündeln und für alle sichtbar zu machen, bieten sich verschiedener Audience-Response-Systeme an, z. B.: *mentimeter, kahoot, answergarden.* Diese ermöglichen das Fragenstellen mit mobilen Befragungstools die im Browser auf eigenen mobilen Endgeräten aufgerufen werden und fördern die Aufmerksamkeit und das aktive Mitdenken im Unterricht (vgl. QUIBELDEY-CIRKEL 2018, 809 f.).

Die Zustimmungshäufigkeit zu den jeweiligen Aussagen kann erfasst und grafisch (z. B. als Säulendiagramm) dargestellt werden. Nach erfolgter unterrichtlicher Auseinandersetzung können die eingangs erfassten Schülervorstellungen erneut betrachtet werden, um so die reflexive Auseinandersetzung der Lernenden mit ihrem Lernprozess anzuregen. Interaktive Fragebausteine ermöglichen die Haltung und Einschätzung der Lernenden zu bestimmten Fragestellungen auch anonym zu sammeln und zu nutzen. Begriffe zu einer Thematik lassen sich in einer Wortwolke sammeln, bündeln und unterrichtlich weiterverarbeiten. Auch die Erstellung von Quizfragen und Schätzaufgaben ist realisierbar, um eine Fragehaltung hervorzurufen und Neugierde zu wecken.

*Digitale Tools ermöglichen Flexibilität und hohe Schüler*innen-Beteiligung*

4.2 Das methodische Handeln reflektieren

Petra Baisch

In diesem Kapitel wird zunächst ein Überblick über das methodische Handeln im Biologieunterricht gegeben (siehe auch MEISERT/SPÖRHASE 2025), bevor im Folgenden der Fokus auf die Auswahl von Sozialformen und Handlungsmustern gerichtet wird. Geklärt wird, was unter den Handlungsmustern bzw. fachgemäßen Arbeitsweisen im Biologieunterricht zu verstehen ist und wie diese die Wahl der Sozialform bestimmen. Das Kapitel schließt mit einem Beispiel zur Wahl der Handlungsmuster und der jeweiligen Sozialformen.

Die Planung einer Unterrichtsstunde wird von uns in vier Schritte unterteilt (siehe Kap. 3.1).

In Schritt 3 wurden die Teilschritte der didaktischen Konstruktion einer Unterrichtsstunde erläutert. Es ging allgemein gesprochen darum, die Sachstruktur und deren Bildungsbedeutsamkeit zu analysieren und unter Berücksichtigung der Lernvoraussetzungen der Schüler*innen Kompetenzschwerpunkte und Ziele für eine Unterrichtsstunde festzulegen. Schritt 4 umfasst die methodische Konstruktion der Stunde, also die Frage nach der Art und Weise der konkreten Umsetzung im Unterricht

Nach der Auseinandersetzung mit dem ‚Was', und dem ‚Warum' geht es nun um das ‚Wie'

Wird ein weitgefasster Methodenbegriff zugrunde gelegt, lassen sich Unterrichtsmethoden als Formen und Verfahren definieren, in und mit denen sich Lehrende und Lernende unter institutionellen Rahmenbedingungen Kompetenzen aneignen. Unterrichtsmethoden haben zunächst eine formale Seite, die Formen der Kommunikation und der zeitlichen Untergliederung des Lernprozesses umfasst. Sie haben zudem eine inhaltliche Seite, da sie im Hinblick auf die Inhalte und Ziele ausgewählt werden, die mit dem Biologieunterricht erreicht werden sollen. Ihre Wahl hängt zudem von institutionellen Rahmenbedingungen wie curricularen Vorgaben, den Voraussetzungen der Lernenden und der Haltung der Lehrkraft ab (vgl. MEYER 2006).

Unterrichtsmethoden, -ziele und -inhalte stehen in enger Wechselwirkung miteinander

Unterrichtsmethoden können auf drei hierarchischen Ebenen betrachtet werden: der Makro-, Meso- und Mikromethodik.

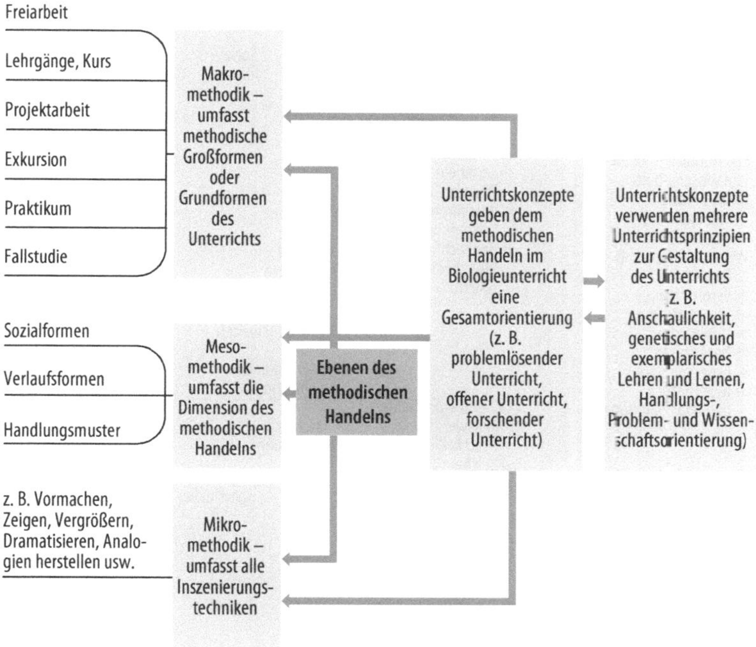

Abb. 11: Das methodische Handeln im Unterricht (nach SPÖRHASE *2012a, 12)*

Die *Makromethodik* umfasst Grundformen des Unterrichts wie z. B. Freiarbeit oder Exkursion. Der tausendfach an jedem Schultag in deutschen Klassenzimmern zu findende Biologieunterricht entspricht dabei der Grundform des Lehrgangs oder Kurses.

Die *Mikromethodik* umfasst grundlegende Interaktionstechniken des Unterrichtens wie beispielsweise Impulse zu geben, sprachlich zu modellieren, alternative Formulierungen und Metaphern zu verwenden usw. Es handelt sich also um „Inszenierungstechniken" in unterrichtlichen Lehr-Lern-Situationen (MEYER 2004, 75).

Im Mittelpunkt dieses Kapitels steht die Ebene der *Mesomethodik*, weil diese bei der Unterrichtsplanung zunächst die größte Relevanz hat. Bei der Planung der Mesomethodik können drei aufeinanderfolgende Schritte beschrieben werden: die Auswahl der

- Verlaufsform,
- Handlungsmuster,
- Sozialform.

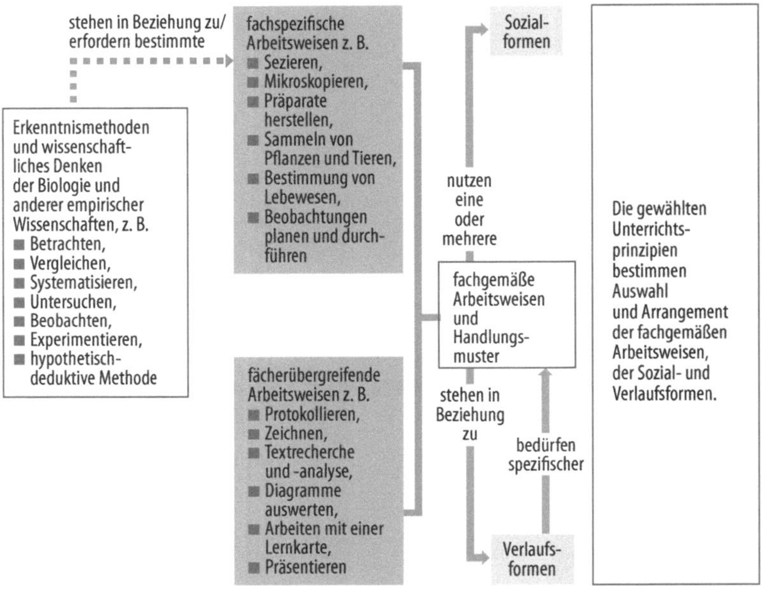

Abb. 12: Ebenen der Mesomethodik (grau hinterlegt) im Biologieunterricht (verändert nach Spörhase 2012a, 15)

Schritt 1: Verlaufsformen auswählen

Die Verlaufsformen des Unterrichts, Einstieg – Erarbeitung – Ergebnissicherung – Vertiefung – Schluss, bilden den Grundrhythmus des Unterrichts. Diese einzelnen Unterrichtsschritte werden jeweils durch bestimmte Handlungsmuster gestaltet, die wiederum eine oder mehrere Sozialformen nutzen.

Schritt 2: Handlungsmuster auswählen

Aus der Wahl der Handlungsmuster ergibt sich auch die Wahl der Medien

Handlungsmuster sind Lehr-Lern-Formen im Unterricht. Zu den allgemeinpädagogischen Handlungsmustern zählen z. B.:

- Vortragsformen (z. B. Lehrervortrag, Schülerreferat)
- Gesprächsformen (z. B. gelenktes Unterrichtsgespräch, Schülergespräch, Streitgespräch)

- Spielformen (z. B. Rollenspiel, Planspiel, Simulationsspiel)
- Tafelarbeit
- Textarbeit
- …

Im Biologieunterricht existiert darüber hinaus eine Vielzahl von Handlungsmustern, die der Aneignung fachbezogener Kompetenzen dienen. In der Regel werden alle im Biologieunterricht eingesetzten Handlungsmuster als fachgemäße Arbeitsweisen bezeichnet. SPÖRHASE (2012a, 16f.) unterteilt diese in folgende Gruppen:

Die für den Biologieunterricht relevanten Handlungsmuster werden auch als fachgemäße Arbeitsweisen bezeichnet

Fachgemäße Arbeitsweisen	Beispiele
1. Lern- und Prüfungstechniken	• kooperative Arbeitstechniken, z. B Gruppenpuzzle • Erstellen von Concept Maps
2. Techniken zur Nutzung von Informationstechnologien und -ressourcen	• Nutzung von Onlineressourcen • Literaturrecherche und -beschaffung und Bewertung der Informationen
3. Techniken zur Kommunikation wissenschaftlicher Informationen	• mündliche Präsentationen mit PowerPoint oder Poster • Beschreibung von praktischen Arbeiten, z. B. Bericht
4. Labortechniken	• sterile Arbeitstechniken • Lösungen ansetzen (z. B. Pufferlösungen)
5. Untersuchungstechniken und -methoden	• Beobachtungen planen und durchführen • Probeentnahmen (z. B. Bodenproben)
6. Techniken zur Sammlung und Identifizierung von Organismen	• Sammeln von Pflanzen und Tieren • Fixieren und Präparieren von Pflanzen und Tieren
7. Techniken zur Veränderung und Untersuchung von Organismen	• Mikroskopieren • Messung von Wachstum und Verhalten
8. Techniken zur Analyse und Darstellung der Daten	• Diagramme oder Tabellen erstellen

Tab. 4: Fachgemäße Arbeitsweisen der Biologie (verändert nach SPÖRHASE 2012a, 16f.)

Handlungsmuster sorgen aufgrund ihrer Vertrautheit für einen reibungslosen und ökonomischen Ablauf des Unterrichts. Allerdings hängt der erfolgreiche Unterrichtsverlauf maßgeblich von den Handlungskompetenzen der Lehrenden und Lernenden ab. Deshalb sollten einige grundlegende Überlegungen bei der Auswahl der fachspezifischen Handlungsmuster angestellt werden:

Checkliste: Auswahl der Handlungsmuster

- Verfügen die Lernenden über die notwendigen Fähigkeiten im Umgang mit den gewählten fachgemäßen Arbeitsweisen?
- Wie können die Lernenden beim selbstständigen Arbeiten unterstützt werden?
- Sind die für den Unterricht ausgewählten Handlungsmuster ausgewogen und vielfältig?
- Welche Sozialformen sollen genutzt werden?
- In welcher Phase des Unterrichts kommen die fachgemäßen Arbeitsweisen zum Einsatz?
- Steht ausreichend Zeit zur Verfügung?

Schritt 3: Sozialformen auswählen

Es gibt nur vier verschiedene Sozialformen, alle weiteren sind Mischformen oder alternative Bezeichnungen

Die Wahl des Handlungsmusters und der Sozialform hängen eng miteinander zusammen und sollten immer im Zusammenhang betrachtet werden. Es lassen sich nach Art der Beziehungs- und Kommunikationsstruktur vier Sozialformen (Frontal-, Gruppen, Partner und Einzelunterricht) unterscheiden (Meyer 2016, 138), die mit Blick auf die zu erreichenden Ziele ausgewählt werden müssen. Mit großer Wahrscheinlichkeit werden in einer Unterrichtsstunde mehrere, möglicherweise sogar alle Sozialformen ihren Platz finden.

Es gibt keine „richtige" Sozialform

Generell gilt, dass jede Sozialform vor dem Hintergrund ihrer didaktischen Funktion reflektiert und abwechslungsreich eingesetzt werden sollte.

Wird etwa zur Erarbeitung eines Themas die Sozialform Gruppenunterricht gewählt, sollte das Thema für ein selbstständiges Erarbeiten durch die Lernenden auch geeignet sein. Dazu zählt auch, dass alle Lernenden innerhalb der Gruppe eine Aufgabe übernehmen können sollten. Sollen die Lernenden intensiv über den Lerngegenstand diskutieren und dies zunächst in einem geschützten Rahmen, also ohne die Gefahr, sich vor anderen bloßzustellen, kann der Partnerunterricht die geeignete Sozialform sein: Hier tauschen sich die Lernenden miteinander aus und unterstützen sich gegenseitig, aber gruppendynamischen Prozesse, die eine inhaltliche Auseinandersetzung erschweren können, entfallen. Zuweilen gibt es aber auch ganz pragmatische Gründe, die bei der Wahl der Sozialform eine Rolle spielen, z. B., wenn der Lerngegenstand (ein Präparat oder ein lebendes Objekt) nur in geringer Anzahl vorhanden ist und mehrere Lernende sich ein Objekt teilen müssen. Zudem können in der Partner- oder Gruppenarbeit gezielt die Stärken von Lernenden genutzt werden: Bei einer leistungsheterogenen Zusammensetzung können sowohl die Schwächeren profitieren, da sie beispielsweise beim Erfassen der Aufgabenstellungen und der Problemlösung partnerschaftlich unterstützt werden können. Die leistungsstärkeren Lernenden profitieren durch die Verbalisierung ihrer Gedanken, durch das Umstrukturieren und Verständlichmachen des Bearbeiteten sowie durch ein individuelles Kompetenzerleben. Die Einzelarbeit ist dann die angemessene Sozialform, wenn die Lernenden bestimmte Inhalte individuell verarbeiten sollen. Dies ist meist in Phasen des Übens und Wiederholens der Fall oder auch beim Lösen von Anwendungsaufgaben.

Checkliste: Auswahl der Sozialformen

- Entspricht die gewählte Sozialform dem gewählten Handlungsmuster und der didaktischen Intention?
- Wie erfolgt die Einteilung der Lernenden bei Partner- und Gruppenarbeit (z. B durch die Lehrperson, zufällig)?
- Gibt es zwischen einzelnen Lernenden Konflikte, die bei der Einteilung berücksichtigt werden müssen?
- Im Fall einer Gruppenarbeit: Soll die Gruppe leistungshomogen oder leistungsheterogen zusammengesetzt sein?

Beispiel für die Auswahl eines Handlungsmusters

Bei der Planung von Unterricht gilt es, eine Vielzahl von methodischen Entscheidungen auf verschiedenen Ebenen zu treffen. In jeder Unterrichtsphase werden allgemeine Handlungsmuster und/oder fachgemäße Arbeitsweisen ausgewählt und Lerninhalte im Rahmen von Sozialformen vermittelt. Im Folgenden wird an einem Beispiel der Zusammenhang zwischen der begründeten Wahl der Handlungsmuster und der Sozialform dargestellt und die jeweilige didaktische Funktion reflektiert.

Präparation eines Schweineauges

Sollen die Lernenden einen vertieften Einblick in die Strukturen eines Linsenauges gewinnen, bietet sich das Handlungsmuster des Untersuchens und Präparierens an. Um ein fachgemäßes Vorgehen und den angemessenen Gebrauch der Materialien zu gewährleisten, findet der Einstieg in Form des Frontalunterrichts statt. Die Lehrperson hat so die Möglichkeit, eine Orientierungsgrundlage bei allen Lernenden zu schaffen. Auf diese Weise kann die Zerstörung der Präparate durch Unkenntnis vermieden werden. Die Erarbeitung findet in Partnerarbeit statt. Dazu bietet sich zum einen die Größe des Objektes an, zum anderen ist bei dieser Sozialform ein hoher Grad an Eigenaktivität möglich. Die Lernenden können sich bei der Präparation gegenseitig unterstützen und ihre Beobachtungen diskutieren. Die originale Begegnung mit dem Objekt ermöglicht vertiefte Einsichten über die Eigenschaften der jeweiligen Strukturen (z. B. der zähen Konsistenz der Lederhaut). Auch Ekelgefühlen kann in diesem Rahmen Raum gegeben werden.

Die Ergebnissicherung findet, wie der Einstieg, im Plenum statt. Die Ergebnisse der Beobachtung werden gebündelt, durch die Lehrperson strukturiert und gemeinsam geklärt. So werden die zentralen Arbeitsergebnisse gesichert.

4.3 Unterrichtsgespräche planen

Sonja Schaal

In diesem Kapitel werden die verschiedenen Funktionen von Unterrichtsgesprächen im Biologieunterricht dargestellt. Anhand von Beispielen wird erläutert, wie mithilfe gezielter Fragen und Impulse Unterrichtsgespräche geführt und moderiert werden können.

Das Unterrichtsgespräch gehört zu den am häufigsten eingesetzten Lehr- und Arbeitsformen im Unterricht. Das Gespräch als verbaler Zugang zu Fachinhalten stellt allerdings nur eine Facette des Kommunizierens im Biologieunterrricht dar. Der Kompetenzbereich Kommunikation umfasst außerdem noch unterschiedliche Darstellungsformen von fachlichen Inhalten (Texte, Grafiken, Diagramme, Abbildungen etc.) sowie die Beschaffung, die Aufarbeitung und den Austausch von Informationen (Recherche, Dokumentation und Präsentation von Arbeitsergebnissen). Das Unterrichtsgespräch dient auch bei diesen Prozessen der ko-konstruktiven Erschließung und Aushandlung fachlicher Inhalte. Inhaltlich angemessene und gut verständlich geführte Unterrichtsgespräche können einerseits der Erkenntnisgewinnung dienen. Sprache wird hierbei als Lernmittel eingesetzt, um beispielsweise gemeinsam auf die Lösung eines Problems zu kommen (siehe auch Kap. 4.4).

Andererseits ist die Sprache auch Ausdruck für die Beziehungsebene, auf der sich die am Gespräch Beteiligten befinden. Ein auf der Inhaltsebene gut geplantes Unterrichtsgespräch kann dennoch scheitern, wenn die Beziehungsebene nicht stimmt.

Umgekehrt gilt dasselbe: Eine gute Beziehungsebene führt nicht automatisch zu einer gelingenden Kommunikation, wenn der Inhalt des Gesprochenen für den oder die Gesprächspartner*innen unverständlich ist. Das Gelingen oder Scheitern eines Unterrichtsgesprächs wird also von beiden Aspekten bestimmt.

Im Folgenden soll beleuchtet werden, wie Sie gute Voraussetzungen für ein gelingendes Unterrichtsgespräch schaffen können.

Unterrichtsgespräche vorbereiten

Unterrichtsgespräche leben davon, dass sich möglichst viele Schüler*innen daran beteiligen. Mit diesem Ziel vor Augen scheint eine konkrete Planung des Unterrichtsgesprächs schwierig zu sein, da man im Voraus nicht festlegen kann, was die einzelnen Gesprächsteilnehmer*innen sagen werden. Was jedoch gut geplant werden kann, sind die Zielsetzungen und damit die Form des Gesprächs, der Ort im Unterichtsverlauf und die möglichen Interaktionen der Lehrkraft.

Die Abbildung auf der folgenden Seite zeigt drei Schritte, um die Planung von Unterrichtsgesprächen zu strukturieren.

Die nach Abb. 13 dargestellten Auszüge aus einem exemplarischen Unterrichtsgespräch knüpfen inhaltlich an das Beispiel zum Beobachten des Pupillenspiels im folgenden Kap. 4.4 und die dort zusammengefassten Planungsschritte für einen problemorientierten Unterricht mit biologischen Arbeitsweisen an.

Die vier voneinander abgegrenzten Kästen zeigen unterschiedliche Gesprächsformen, die innerhalb eines Unterrichtsgesprächs ineinander übergehen. Im Anschluss an die Darstellung der Beispiele folgen eine inhaltliche Strukturierung und Zusammenfassung der Gesprächsformen sowie eine zusammenfassende Tabelle zum Einsatz von Fragen und Impulsen in der unterrichtlichen Gesprächsführung.

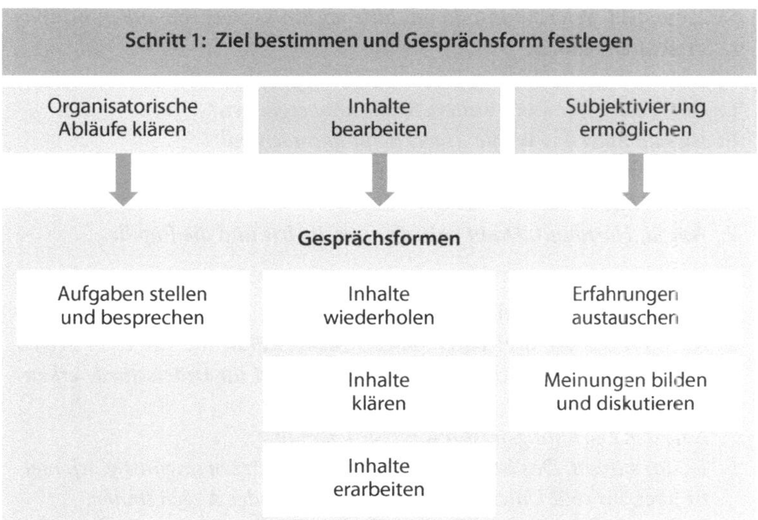

Schritt 2: Ort des Unterrichtsgesprächs festlegen		
Einstieg	Erarbeitung	Vertiefung
Gelenkstelle	Sicherung	Abschluss

Schritt 3: Aufbau und Strukturierungsmaßnahmen planen			
Sozialform wählen	Lenkungsgrad festlegen	Inhaltliche Fragen und Impulse vorbereiten	Moderationsimpulse wählen

Abb. 13: Planungsschritte bei der Vorbereitung von Unterrichtsgesprächen

Rekonstruktion des bereits behandelten Stoffes, Anbindungsfähigkeit wird geschaffen

Aktivierung mehrerer Lernender durch auffordernde Fragen

Beispiel „Inhalte wiederholen"

Lehrkraft: *In der letzten Stunde habt ihr euer Auge betrachtet und eine Skizze erstellt. Peter, kannst du uns bitte nochmals zwei von außen sichtbare Strukturen nennen?*

P: *Also ich hab die Augenlider und die Wimpern gezeichnet.*

L: *Gut, Peter. Wer kann weitere Strukturen ergänzen?*

F: *Ich hab noch das Weiße … wie heißt das nochmal?*

L: *Kann jemand Frieder auf die Sprünge helfen? Ja, Hanna.*

H: *Das Weiße ist die Hornhaut.*

F: *Ach ja, Hornhaut. Dann hab ich noch die Iris und die Pupille.*

Instruktion: L fordert gezielte Handlung

Missverständnis auf der Inhaltsebene

Präzisierung der Instruktion. Eindeutigkeit und Verständlichkeit schaffen

Beispiel „Aufgaben stellen"

L: *Ich habe vorher drei eurer Skizzen ausgewählt, die ich euch zeigen möchte. Bitte vergleicht die Skizzen. Wo könnt ihr Unterschiede erkennen? Ja, Sabrina.*

S: *Eine der Zeichnungen ist mit Filzstift gemalt.*

L: *Ja, das stimmt. Das ist für wissenschaftliche Skizzen ungünstig. Ich meine aber, ihr sollt Unterschiede in der Struktur der Augen finden.*

H: *In der ersten Skizze sind die Pupillen größer als in den anderen beiden.*

Beispiel „Inhalte klären"

L: *Aha! Kennt ihr dieses Phänomen aus eurem Alltag?*

P: *Ja. Die Pupillen ändern ständig ihre Größe.*

I: *Wenn man tot ist aber nicht mehr. Das prüfen doch die Ärzte.*

M: *Quatsch, die prüfen den Puls und ob das Herz noch schlägt.*

L: *Bleiben wir mal bei den Lebenden und bei den Pupillen.*

H: *Ich glaube, das hängt mit dem Licht zusammen.*

M: *Ja, wenn man in die Sonne schaut, sind die Pupillen ganz klein.*

Erkundung von Kenntnissen, Vorstellungen und Erfahrungen der Lernenden

Eingrenzung des Lernstoffs

Beispiel „Inhalte erarbeiten"

L: *Also fassen wir das mal zusammen. Was haben wir beobachtet?*

P: *Unsere Pupillen sind nicht immer gleich groß.*

L: *Richtig. Und welche Frage versuchen wir jetzt zu klären?*

I: *Die Frage ist, woran das liegt. Und ich glaube, das liegt am Licht.*

L: *Okay. Ida formuliert eine Frage und stellt auch gleich eine Hypothese dazu auf. Wer formuliert das so, dass wir es aufschreiben können?*

Problem, Fragestellung und Hypothese werden formuliert und notiert.

H: *Ich hab eine Idee, wie wir das testen können. Wir machen die Jalousien runter und schauen die Pupillen an und dann machen wir sie wieder hoch.*

I: *Oder wir könnten auch Taschenlampen verwenden, wie die Ärzte.*

M: *War ja wieder klar. Du kuckst immer solche Schrott-Ärzte-Sendungen – völlig verblödet.*

L: *Markus, bitte beruhige dich. Kannst du dir denn vorstellen, dass Idas Idee funktioniert?*

M: *Ja, schon. Aber wir müssen dann schon den Raum dunkel machen. Sonst ist es insgesamt zu hell.*

Das Experiment wird weiter geplant, vorbereitet und schließlich durchgeführt.

L: *Nun bin ich gespannt. Was konntet ihr beobachten?*

P: *Also bei mir und Markus klappt's. Immer wenn ich in sein Auge leuchte, wird die Pupille klein und danach wieder größer.*

L: *Kann jemand beschreiben, was mit der Pupille passiert, in die nicht geleuchtet wurde?*

H: *Uns ist aufgefallen, dass immer beide Pupillen kleiner werden, auch wenn ich nur in ein Auge von Ida leuchte.*

…

Strukturierender Impuls (häufig auch als Gelenkstelle bezeichnet)

Erster Planungsschritt der Problemorientierung: Problemstellung, Forschungsfrage und Hypothese formulieren

Zweiter Planungsschritt der Problemorientierung: Durchführung des Experiments, Festlegen der zu kontrollierenden Variablen

Moderierender Impuls auf der Beziehungsebene

Dritter Planungsschritt der Problemorientierung: Durchführung des Experiments

Vierter Planungsschritt der Problemorientierung: Auswertung und Verbalisierung der Ergebnisse

Öffnungsgrad der Frage wird reduziert. Antworten müssen präziser werden (Fokussierung)

Fünfter Planungsschritt der Problemorientierung: Deutung der Ergebnisse

Die Ergebnisse werden verglichen und schließlich in Hinblick auf die Hypothese ausgewertet und gedeutet. Ein Protokoll mit Zeichnung kann erstellt werden.

Formen des Unterrichtsgesprächs

Unterrichtsgespräch ist nicht gleich Unterrichtsgespräch

In diesem exemplarischen Unterrichtsgespräch kommen drei unterschiedliche Gesprächsformen vor, die sich in ihrem Zweck unterscheiden und deshalb an unterschiedlichen Orten im Unterricht eingesetzt werden (siehe Randbemerkungen zu den exemplarischen Unterrichtsgesprächen und die folgende Tabelle. Sie lassen sich einteilen in: Inhalte wiederholen, Aufgaben stellen und Inhalte erarbeiten. Alle drei Formen sind stark inhaltszentriert.

Stärker inhaltsbezogene Gespräche erfordern eine gemeinsame Aufgabenbewältigung von Lehrenden und Lernenden (vgl. BITTNER 2006). Sie sind zeitlich begrenzt und zeichnen sich durch eine Phrasierung der Redeanteile aus. Schüler*innen und Lehrkräfte agieren jeweils in einem festgelegten Rollengefüge. Die Lehrkraft hat dabei je nach Kenntnisstand der Klasse mehr oder weniger Redeanteile. Ihre Beiträge können instruktiv sein, der Vermittlung von Inhalten dienen oder eher gesprächslenkenden Charakter im Sinne einer Moderation haben. Entsprechend variiert der Öffnungsgrad der Fragen. Je offener ein Gespräch geführt wird, desto breiter können die Antworten gefächert sein. Geschlossene Fragen lassen dagegen nur ein enges Spektrum an Antworten zu und sind damit fokussierter. Kompetenzen aus den Bereichen *Fachwissen, Erkenntnisgewinnung* und *Kommunikation* (KMK 2004) lassen sich mit eher inhaltsbezogenen Gesprächen fördern. Dadurch haben diese eine hervorzuhebende Bedeutung im Biologieunterricht.

Unterrichtsgespräche, die mehr personengebundene Beiträge zulassen, sind stärker subjektbezogen. In ihnen wird bereits Gelerntes oder Erfahrenes verarbeitet. Sie ermöglichen dem Einzelnen eine konstruktive Auseinandersetzung mit dem erarbeiteten Inhalt, der persönlichen Erfahrung und dem individuellen Vorwissen. Ausschweifende Erzählungen aus der Betroffenheit eines Einzelnen bergen zwar die Gefahr der Monologisierung, sie tragen aber auch wesentlich zur sprachlichen Entwicklung bei. Solche Gespräche zeigen eine größere Ausprägung der demokratischen Gesprächskultur. Sie dienen der Meinungsbildung und dem Meinungsaustausch. Die Lehrkraft tritt zumeist als Moderator*in oder als gleichgestellte Gesprächspartner*in auf. Somit lassen sich schwerpunktmäßig die Kompetenzen aus den Bereichen *Kommunikation* und *Bewertung* (KMK 2004) fördern.

In der folgenden Tabelle werden die verschiedenen Gesprächsformen mit ihren jeweiligen Funktionen und den Planungsschritten zusammenfassend dargestellt. Es sei darauf hingewiesen, dass keine eindeutige Trennschärfe hergestellt werden kann. In der Praxis zeigen sich immer fließende Übergänge (eine noch stärker differenzierte Einteilung der Gesprächsformen kann bei BITTNER 2006 nachgelesen werden). Der gezielte Einsatz von Fragen und Impulsen wird hier bereits mit aufgeführt und im Anschluss näher erläutert.

Aufgaben stellen und besprechen Gezielte Handlung einleiten, Arbeitsauftrag vermitteln L: *Bitte vergleicht die Skizzen der Augen. Wo könnt ihr Unterschiede erkennen?* An dieser Stelle können die Operatoren aus Kap. 4.7 verwendet werden.	**In jeder Unterrichtsphase möglich** • Klassengespräch • stark gelenkt • auffordern, erklären lassen, zusammenfassen lassen • motivieren, interessieren, ermutigen
Inhalte wiederholen Rekonstruktion, Anbindungsfähigkeit schaffen, Ergebnissicherung, Festigung L: *In der letzten Stunde habt ihr euer Auge betrachtet und eine Skizze erstellt. Peter, kannst du uns bitte nochmals zwei von außen sichtbare Strukturen nennen?*	**Einstieg, Sicherung, Abschluss** • in Klassen-, Gruppen- und Tandemgesprächen • stark gelenkt • wiederholen lassen, umformulieren lassen, aufgreifen, erklären lassen, zusammenfassen lassen • motivieren, aktivieren, ermutigen, bestätigen, verstärken, kommentieren
Inhalte klären Eingrenzung und Definition des Lerninhalts, Erkundung von Kenntnissen, Vorstellungen und Erfahrungen der SuS L: *Aha! Kennt ihr dieses Phänomen aus eurem Alltag?* S1: *Ja. Die Pupillen ändern ständig ihre Größe.* S2: *Wenn man tot ist, aber nicht mehr. Das prüfen doch die Ärzte.* S3: *Quatsch, die prüfen den Puls und ob das Herz noch schlägt.* L: *Bleiben wir mal bei den Lebenden und bei den Pupillen.*	**Einstieg, Gelenkstelle, Sicherung** • Klassengespräch • mittlerer Lenkungsgrad, moderierend • bündeln, aufgreifen, fundiere lassen, folgern lassen, problematisieren lassen • bestätigen, zurückweisen, forcieren, kommentieren
Inhalte erarbeiten Erkenntnisgewinnung, Problemlösung mithilfe bereitgestellter Materialien oder Experimente L: *Also, fassen wir das mal zusammen. Was haben wir beobachtet?*	**Erarbeitung** (schließt häufig an Aufgabenstellung an) • vorbereitend im Klassengespräch, während der Erarbeitung in Gruppen- und Tandemgesprächen

S1: *Unsere Pupillen sind nicht immer gleich groß.* L: *Richtig. Und welche Frage versuchen wir jetzt zu klären?* S2: *Die Frage ist, woran das liegt. Und ich glaube, das liegt am Licht.* L: *Okay. Ida formuliert eine Frage und stellt auch gleich eine Hypothese dazu auf. Wer formuliert das so, dass wir das aufschreiben können?* … S4: *Ich hab eine Idee, wie wir das testen können. Wir machen die Jalousien runter und schauen die Pupillen an und dann machen wir sie wieder hoch.*	• mittlerer bis schwacher Lenkungsgrad, moderierend • auffordern, umformulieren lassen, bündeln, aufgreifen, weiterführen lassen, fundieren lassen, erklären lassen, folgern lassen, problematisieren lassen • motivieren, interessieren, ermutigen, kommentieren, forcieren, zurückweisen
Erfahrungen austauschen Thematisierung sinnlicher Eindrücke, emotional gebundener Erlebnisse Einzelner oder der Gruppe zur Erweiterung und Vertiefung eines Sachverhalts. S1: *Für mich war es ganz unangenehm, die Treppen mit verbundenen Augen zu steigen.* S2: *Ja, aber man konnte sich gut an den lauter werdenden Geräuschen orientieren.* S3: *Ich habe mich lieber am Geländer festgehalten. Ich hatte Angst, dass ich stolpere.*	**Erarbeitung, Vertiefung, Sicherung, Abschluss** (nach Sinneserlebnissen – dies können auch Texte oder Filme sein) • in Klassen-, Gruppen- und Tandemgesprächen • mittlerer bis schwacher Lenkungsgrad, moderierend • auffordern, erklären lassen, folgern lassen, bewerten lassen, beurteilen lassen • aktivieren, ermutigen, verstärken, kommentieren
Meinungen bilden und diskutieren Äußerung und Objektivierung subjektiver Theorien, Argumentieren, Erwerb von dialogischer Sozialkompetenz und Argumentationskompetenz L: *Gibt es Gründe, die gegen eine Laser-OP am Auge sprechen?* S1: *Ich weiß nicht. In einem Internetforum habe ich gelesen, dass man nach der Laserbehandlung auch blind werden kann.* S2: *Ja, da wird viel erzählt. Der Laser verändert aber nur die Hornhaut. Wieso sollte man dabei blind werden?*	**Vertiefung** • in Klassen-, Gruppen- und Tandemgesprächen • stark gelenkt bis nur moderierend • umformulieren lassen, bündeln, weiterführen lassen, erklären lassen, bewerten lassen, beurteilen lassen • aktivieren, ermutigen, verstärken, kommentieren, beruhigen, disziplinieren

Unterrichtsgespräche durch Fragen und Impulse steuern

Unterrichtsgespräche gekonnt aufzubauen, zu strukturieren und zielgerichtet zu lenken erfordert vonseiten der Lehrkraft eine hohe kommunikative Kompetenz. Diese beinhaltet die Kenntnis der unterschiedlichen Gesprächsformen, aber auch die Fähigkeit, Fragen und Impulse wie im dritten Planungsschritt (Abb. 13) beschrieben zielgerichtet einsetzen zu können, um mit den Schüler*innen den jeweiligen Zweck des Gesprächs zu erreichen.

Lehrer*innenfrage oder Impuls?

Peter, kannst du uns bitte nochmals zwei von außen sichtbare Strukturen des Auges nennen?

Wir sollten die von außen sichtbaren Strukturen des Auges nochmals benennen.

Fragen und Impulse haben in ihrer Wirkung auf die Lernenden zwar unterschiedliche Qualität, doch die Funktion im Unterrichtsgespräch ist meist vergleichbar (im Beispiel oben: die Wiederholung). Sie lassen sich (abgesehen von grammatikalischen Gesichtspunkten) nicht klar voneinander abgrenzen.

Funktionen von Fragen und Impulsen

Lehr-Lern-Impulse haben unterschiedliche Funktionen

Fragen und Impulse können im Unterrichtsgespräch folgende Funktionen erfüllen (verändert nach Bittner 2006):

- **Aufforderung:** Im dialogischen Sinn ist die Aufforderung die verbale Initialzündung. *Kannst du das Phänomen beschreiben? / Erkläre das genauer.*
- **Wiederholen lassen/Umformulieren lassen:** Reflexionsvorgänge werden angeregt; Inhalte in eigene Worte fassen, Begriffe erläutern. *Was waren für dich die wichtigsten Handgriffe am Augenmodell, um das Abbild scharf zu stellen? / Wir sollten die von außen sichtbaren Strukturen des Auges nochmals benennen. / Kannst du das anders ausdrücken?*
- **Bündeln:** Unterschiedliche Beiträge von Lernenden zu einem Konsens bringen. *Ein Aspekt kam bei allen Versuchsbeschreibungen vor. / Kann man das zusammenfassen?*
- **Aufgreifen/Weiterführen lassen:** Sich dem Kern der Problems nähern, der Denkoperation eine Sachorientierung geben. *Man kann etwas Entscheidendes feststellen, wenn man die Pupille beobachtet, in die nicht geleuchtet wurde. / Was passiert danach?*
- **Fundieren lassen:** Inhaltlich magere Beiträge oder Vermutungen präzisieren und in einen Zusammenhang stellen, den Denkvorgang anstoßen. *Deine Vermutung kann am Modell überprüft werden. / Wie meist du das genau? / Wozu ist das gut?*
- **Erklären lassen:** Sachliches Verständnis verbalisieren, überprüfen. *Erkläre, warum du das Auge genau an dieser Stelle aufschneidest. / Kannst du das erklären?*

- **Folgern lassen:** Zusammenhänge herstellen. *Was schließt du aus der Beobachtung?/Die Auswertung der Versuche bestätigt unsere Hypothese nicht. Daraus müssen wir Schlussfolgerungen ziehen.*
- **Problematisieren lassen:** Eine Sache in Frage stellen, eine detaillierte Sichtweise veranlassen, Problembewusstsein schärfen. *Die Krankenkasse stimmt der Augen-OP nicht zu, obwohl sie helfen könnte./Welches Problem zeigt sich jetzt bei der Durchführung des Experiments?*
- **Bewerten lassen:** Emotionale, subjektive Gesichtspunkte zulassen. *Blind geführt zu werden löst bestimmt unterschiedliche Gefühle aus./Welchen Eindruck hattest du beim Beobachten?*
- **Beurteilen lassen/Argumentieren lassen:** Fordert sachgebundene Stellungnahme; Argumente dienen der Objektivierung. *Der Einsatz der Laser-OP kann durchaus unterschiedlich betrachtet werden./Wie beurteilst du die Situation?*
- **Zusammenfassen lassen:** Zwischenbilanz ziehen, wesentliche Punkte sammeln, einen Schluss formulieren. *Einige Dinge sollten wir uns für die nächste Stunde merken./Was waren die wesentlichen Aspekte?*

Neben den gemeinsamen Funktionen haben Frage und Impuls noch einige Besonderheiten. Um diese herauszustellen, werden Fragen und Impulse nochmals separat betrachtet.

Die Lehrer*innenfrage

Fragen lenken den Fokus

Eigentlich eine absurde Situation: Die Lehrkraft, der Expert*in im Unterricht, stellt eine Frage, und die Antwort soll von den Lernenden, den Laien, gegeben werden. Die in der Reformpädagogik verpönte Lehrer*innenfrage hat aber ihren Sinn. Natürlich will die Lehrkraft nicht vortäuschen, nichts zu wissen. Die didaktische Funktion der Lehrer*innenfrage besteht vielmehr darin, den Fokus der Schüler*innen gezielt auf etwas zu lenken, was für die Lernenden nicht automatisch ersichtlich ist, um damit den Erkenntnis- und Denkprozess anzustoßen.

Für diese Fokussierung sind W-Fragen gut geeignet. Sie sind eng geführte Fragen mit geringem Öffnungsgrad. Gezielt eingesetzt, fordern sie die Lernenden auf, den Lerngegenstand oder eine Aussage unter präzisen Gesichtspunkten zu betrachten.

- „*Wie viele?*" fordert die Schüler*innen auf zu zählen.
- „*Wo?*" erfordert eine präzise Angabe des Ortes oder der Lage (Beispiel: das Zählen und Lokalisieren der Druckpunkte an unterschiedlichen Körperstellen beim Untersuchen der Haut als Tastorgan).

- *„Welche Form?"* und *„Wozu?"* lenken auf den biologischen Zusammenhang von Form und Funktion (Beispiel: die Änderung der Linsenform bei der Akkomodation).

Die Frage ist stark an die Lehrer*innenrolle und die Lehrtätigkeit geknüpft. Je mehr Fragen die Lehrkraft stellt, desto stärker lenkt sie damit das Unterrichtsgeschehen. Im Sinne der Schüler*innenorientierung sollte der Einsatz von Fragen gezielt und dosiert geschehen.

Checkliste für die Formulierung von Fragen
- Wurden Schlüsselfragen vor der Stunde ausformuliert?
- Wurde die Frage als Einzelfrage formuliert?
- Wird genügend Zeit zum Nachdenken eingeplant, bevor die nächste Frage gestellt wird?
- Ist die Frage präzise, eindeutig und verständlich formuliert?
- Ist daran gedacht, folgende Art des Fragens zu vermeiden?
  - Lückentextfragen (*„Der innerste Teil des Auges heißt …?"*)
  - Ja/Nein-Fragen (*„Stimmt das?"*)
  - Bloßstellende Fragen (*„Marco, da du schwätzt, gehe ich davon aus, dass du bereits alles weißt. Also beantworte …"*)

Impulse

Impulse können verbal, nonverbal und medial gesetzt werden

Während Fragen immer verbal sind, können Impulse auch nonverbal (durch Mimik und Gestik) und medial (durch Objekte, Texte, ein Experiment usw.) gesetzt werden. Generell haben nonverbale und mediale Impulse eine unterstützende Funktion. Der sogenannte *stumme Impuls* (meist medial) verzichtet ganz auf gesprochene Worte. Er stellt eine Handlungsaufforderung dar, die ganz unterschiedliche Reaktionen der Lernenden zulässt. Sein Einsatz ist an Stellen sinnvoll, an denen das Medium mehr aussagt, als Worte ausdrücken können. Ein stummer Impuls kann auch eine provokative Textzeile sein, die als Redeanlass dient (etwa: *„Sonnenbrand ist medizinisch gesehen eine Krankheit"*). Wichtig ist, zu bedenken, dass der stumme Impuls nicht dazu dient, auf einen bestimmten Fokus zu lenken, denn die Antworten können in ganz unterschiedliche Richtungen zielen (Beispiel oben: Entzündungsreaktionen der Haut und deren Symptome, Behandlungsmöglichkeiten, Maßnahmen zur Vorbeugung, Erlebniserzählungen, Appell an die Eigenverantwortung usw.). Er sollte daher nur dort eingesetzt werden, wo eine breite Streuung der Antworten ausdrücklich gewünscht ist und wo klar ist, wie mit der Streuung der Antworten später umgegangen werden soll.

Vom lehrkraftzentrierten Gespräch zum Schüler*innengespräch
Bei einem Unterrichtsgespräch nimmt der Grad der Lehrkraftzentrierung ab, wenn die Lehrkraft es schafft, das Gespräch in wesentlichen Teilen den Schüler*innen zu überlassen. Impulse, die zu einem selbstständigen Lerner-Lerner-Gespräch ermutigen, nennt man *Moderationsimpulse*. Die Lehrkraft erkennt, welche Verhaltensweisen der Fortführung des Themas dienlich oder hinderlich sind, und bedient sich verschiedener Impulse, die das Gespräch fördern. Dazu gehören auch Impulse mit einer disziplinarischen Wirkung.

Moderationsimpulse

*Moderationsimpulse fördern das Schüler*innengespräch*

Die Moderationsimpulse der Lehrkraft
- motivieren/aktivieren: *Es ist wichtig, eure Gedanken zu kennen.*
- interessieren: *Welcher dieser Aspekte betrifft euch persönlich?*
- ermutigen: *Ihr könnt das in euren eigenen Worten formulieren.*
- bestätigen, loben, verstärken: *Eine wichtige Frage! Der zweite Teil deiner Antwort, bringt uns weiter.*" (Auch nonverbales Lob zählt.)
- kommentieren: *Eine Sache hast du vergessen. / Hier liegt ein Irrtum vor.*
- forcieren: *Das muss genauer beschrieben werden.*
- weisen zurück: *Du bist noch nicht dran. / Das kann man so nicht stehen lassen.*
- beruhigen: *Bleib sachlich! / Geduld!*
- disziplinieren: *Ich kann den Beitrag von Annette nicht hören, wenn mehrere gleichzeitig sprechen.*

Durch Steuerungswinke zeigt man Präsenz, ohne das Gespräch zu unterbrechen

Zu viele Worte der Lehrkraft können einen guten Gesprächsverlauf auch unterbrechen. Steuerungswinke (Bittner 2006) wie das Wiegen des Kopfes, ein Handzeichen oder ein kurzes „Aha!", „Wirklich?", „Ja?" können bereits ausreichen. Die Lernenden werden in ihrem Denkprozess nicht unterbrochen und die Lehrkraft zeigt dennoch Präsenz.

Der Umgang mit Schüler*innenbeiträgen
Es ist ein gemeinsamer Lernprozess von Lehrenden und Lernenden, bis ein Gespräch, bei dem die Lehrkraft nur noch moderierende Funktion hat, stattfinden kann. Neben gezielt gestellten Fragen und gut gesetzten Impulsen entscheidet der Umgang mit Beiträgen der Lernenden über einen erfolgreichen Gesprächsverlauf.

Der Umgang mit den Antworten ist entscheidend für den Verlauf eines Gesprächs

Sollen Fragen oder Impulse zum Denken anregen, brauchen die Lernenden zunächst Zeit, um Antworten zu formulieren. Es ist also wichtig zu warten. Außerdem ist es ratsam, mehrere Schüler*innenbeiträge zu hören.

Eine sofortige Bestätigung, Verneinung oder Bewertung des Beitrags ist daher zu vermeiden. Je nach Funktion des Gesprächs kann überlegt werden, ob beim Aufrufen der Schüler das Motto „von den Schwachen zu den Starken" sinnvoll umzusetzen ist. Vielleicht möchte ein schwacher Lernender nicht nach dem Klassenprimus seine Antwort preisgeben. Frustrationen sind aber auch bei den Engagierten zu vermeiden, denn allzu schnell kommt die Reaktion *„Ich komme ja sowieso nicht dran"*. Eine gute Möglichkeit stellt das Gespräch in Kleingruppen oder in Teamarbeit dar, bevor eine Sammlung in der Klasse stattfindet. Die möglichen Antworten werden zunächst im „Schonraum" der Kleingruppe diskutiert. Das hat mehrere Vorteile: Jeder in der Klasse kommt zu Wort. Liegt die Funktion des Gesprächs in der Erkenntnisgewinnung, ist es durchaus entscheidend, so viele Schüler*innen wie möglich am Gespräch zu beteiligen. Darüber hinaus beteiligen sich auch die Schüchternen und Zaghaften, die vor der Klasse nicht sprechen möchten. Und auch die leistungsstarken und gesprächsfreudigen Schüler*innen bekommen die ersehnte Redezeit. Nicht zuletzt lässt sich auf diese Weise das Risiko eindämmen, dass sich Einzelne ganz aus dem Unterrichtsgeschehen ausklinken.

Gespräche in der Kleingruppe beteiligen jeden Lernenden und dienen als Vorbereitung auf das Klassengespräch

Das Klassengespräch kann aufgrund dieser Vorbereitung stärker von den Lernenden dominiert werden und auch in eine stärkere Verarbeitungstiefe führen.

Ein Wechsel zwischen Klassen- und Kleingruppengesprächen führt folglich nicht nur zu für alle befriedigenden Gesprächssituationen, sondern auch zu einer intensiveren Förderung der kommunikativen Kompetenz im Biologieunterricht.

Alltags-, Unterrichts- und Fachsprache im Biologieunterricht

> *Der naturwissenschaftliche Unterricht soll die Lernenden in die Lage versetzen, mit verschiedenen Adressaten und Sprachgemeinschaften sachgerecht zu kommunizieren, sodass eine Teilhabe am öffentlichen Diskurs über naturwissenschaftliche Themen möglich ist (nach* ENZINGMÜLLER ET AL. *2009; Bildungsstandards der KMK 2004).*

Wenn Kommunikation nach klassischen Sender-Empfänger-Modellen betrachtet wird (nachzulesen z. B. bei SCHULZ VON THUN, 2009 oder KULGEMEYER/SCHECKER 2009), hängt ein Verständigungsprozess sowohl vom Sender als auch vom Empfänger ab. Ob der Empfänger tatsächlich Teilnehmer des kommunikativen Prozesses wird, liegt an der Attraktivität des Angebots durch den Sender und an den persönlichen sozialen Erfahrungen und Wissensstrukturen des Empfängers. Es kann nicht vorausgesetzt werden, dass das Gesagte im Sinne des Senders verstanden wird, wenn dieser die Voraussetzungen des Empfängers beim Formulieren nicht beachtet. Diese Schwierigkeit potenziert sich, wenn die Lehrkraft als Sender zu 30 Empfängern spricht. Die Planung eines Unterrichtsgesprächs muss sich demnach an den kommunikativen Fähigkeiten und dem Erfahrungshorizont der Lernenden orientieren. Dabei muss das Gesagte fachlich korrekt und konsistent bleiben.

Um diese zwei Aspekte gleichermaßen zu berücksichtigen, ist ein Wechsel zwischen Fach-, Alltags- und Unterrichtssprache notwendig.

Im sprachsensiblen Fachunterricht wird die Sprache nicht nur implizit als Mittel zur Kommunikation verwendet. Sprache ist nach Leisen (2015) nicht nur ein „Transportmittel“ für fachliche Inhalte, sondern durch Sprache konstituiert sich auch fachliches Verstehen. Umgekehrt gilt genauso: Beim Lernen von Fachinhalten wird auch die (Fach-)Sprache gelernt. Wenn sich Schüler*innen beim Versuchen und Experimentieren miteinander unterhalten, verwenden sie in der Regel zunächst die *Alltagssprache.* Diese begleitet ihre Handlung. Die Satzkonstruktion ist häufig nicht vollständig: *„Stop mal .... Wir müssen das Ding andersrum halten ...“.* Wenn sie später der Klasse ihr Experiment vorstellen und berichten, verwenden sie die *Unterrichtssprache* und es werden ggf. vereinzelt Fachausdrücke verwendet. *„Wir haben die Pinzette genommen und das Präparat umgedreht, damit wir ...“* Die Texte, welche die Schüler*innen im Buch oder bei Recherchen vorfinden, sind meist Fachtexte, die in der Bildungssprache verfasst wurden. Sie enthalten meist viele Fachwörter, der Satzbau ist verschachtelt und die Grammatik komplex. Sie ist für viele Schüler*innen schwer zu verstehen. Leisen empfiehlt für das Lernen von Bildungs- und Fachsprache daher, den Schüler*innen im Unterricht auch ein (mündliches) „bildungssprachliches Sprachbad“ (LEISEN 2016) anzubieten, das kognitiv anregend, aber nicht überfordernd ist. Das angebotene Sprachniveau sollte eine „kalkulierte Herausforderung“ (ebenda) darstellen und leicht über dem Sprachniveau der Lernenden liegen. So kann im sprachsensiblen Unterricht Fachsprache imitiert, erprobt, angewandt oder auch generiert werden. Sprachliche Standardsituationen (LEISEN 2015) sind im Biologieunterricht beim Experimentieren beispielsweise das Formulieren von Hypothesen und das Protokollieren von Ergebnissen. Hier wird die Erkenntnisgewinnung zunächst sprachlich begleitet und dann erworbene Erkenntnisse sprachlich dargestellt. Dabei kommen typische Sprachmuster immer wieder vor. Diese können mit den

Schüler*innen im Sinne eines „Sprach-Baukastens“ eingeübt und in verschiedenen Kontexten angewandt werden (DITTMER/SASS 2018). Gestufte sprachliche Hilfen, wie Satzanfänge oder Wortpuzzele (LEISEN 2016), unterstützen kommunikative Prozesse im Unterricht, um ausgehend von der *Alltagssprache,* über die *Unterrichtssprache* auch fachsprachliche und damit auch fachliche Kompetenzen aufzubauen. So wird in der Unterrichtssprache aufgezeigt, wie das Kommunizieren über einen Inhalt durch Fachwörter erleichtert werden kann und über das Alltagsverständnis hinausführt. Der folgende Dialog zeigt ein Vorgehen, bei dem Fachwörter kritisch diskutiert werden.

Beispiel

L: *Wie habt ihr es geschafft, am Augenmodell den kleinen Gegenstand scharf zu stellen?*

S1: *Jana hat die Linse aufgepumpt. Das nennt man Akkomodation!*

L: *Oh! Wer kann denn das Wort Akkomodation übersetzen?*

S1: *Man kann Gegenstände scharf sehen, die nah am Auge sind.*

S2: *Das Auge muss sich auf den Gegenstand einstellen.*

S4: *Das ist also gewissermaßen die Scharfstellung.*

L: *Welche Veränderungen passieren denn bei der Scharfstellung im Auge?*

S3: *Die Brechkraft der Linse ändert sich.*

L: *Kannst du das genauer erklären?*

S3: *Hm, ich weiß nicht so genau, wie ich das erklären soll. Sie hat halt jetzt mehr Kraft, das Licht zu brechen.*

L: *Was meinst du denn mit Kraft?*

S4: *Ich glaube, Timo denkt, dass das Licht jetzt stärker in eine andere Richtung geschickt wird.*

…

Werden von den Schüler*innen unreflektiert und vorschnell Fachtermini verwendet, ist es die vorrangige Aufgabe der Lehrperson, Rückfragen zu stellen und den Unterrichtsgang zu bremsen. Die Schüler*innenvorstellung zum Begriff „(Brech-)Kraft“ entspricht hier nicht dem fachlichen Konzept zum Brechwert. Dass die Linse *Kraft hat* oder das Licht *geschickt wird* ist eine vermenschlichte, eine anthropomorphe Vorstellung, die fachlich nicht angemessen ist. KATTMANN (2005, 166–167) betont jedoch die positive Rolle von anthropomorphen Vorstellungen beim Lernen von Biologie. Jede Vorstellung basiert auf menschlichen Grunderfahrungen und ist damit unabdingbar anthropomorph. Nun muss bei dem Wort *Kraft* ein Wechselspiel zwischen Alltags- und Unterrichtssprache entstehen. So kann an der Vorstellung des Lerners angeknüpft und in der Diskussion eine fachlich angemessene Vorstellung erarbeitet werden. Das Denken erfolgt im Suchen nach angemessenen Formulierungen. Man stottert, sucht Worte und Vergleiche, um den Gedanken zur Sprache zu bringen. Würde die Lehrkraft auf der fachsprachlichen Ebene bleiben und den einzelnen Terminus als richtige Antwort und gute Leistung stehen lassen, anstatt zum „Übersetzen" anzuregen, würde das eigentliche „Lernen" ausbleiben (STARAUSCHEK 2006, 183–196).

Checkliste: Unterrichtsgespräche führen

- Ziele bestimmt und Gesprächsform festgelegt?
- Sprachniveau bestimmt?
- Ort des Unterrichtsgesprächs festgelegt?
- Aufbau und Strukturierungsmaßnahmen geplant?
  - Sozialform bestimmt?
  - Lenkungsgrad gewählt?
  - Inhaltliche Fragen und Impulse vorbereitet?
  - Moderationsimpulse gewählt?

Weitere Punkte, die zu beachten sind:

- Welche Funktionen sollen die Fragen oder Impulse erfüllen?
- Welcher Öffnungsgrad ist zu wählen?
  - Welchen Spielraum sollen die Lernenden für die Antworten haben?
  - Sind offene Impulse geeignet?
  - Sind Fokusfragen geeignet?
- Durch welche Moderationsimpulse kann ein Schüler*innengespräch gefördert werden?
- Alltagssprache, Unterrichtssprache oder Fachsprache?
  - Welche Sprachform ist geeignet, um sachgerecht über den Inhalt zu sprechen?
  - Wie kann die Alltagssprache aufgegriffen werden?
  - Welche Fachwörter sind wichtig/unwichtig?
  - Wo könnte es Verständnisschwierigkeiten mit Fachwörtern geben?

4.4 Erkenntnisse gewinnen

Petra Baisch

In diesem Kapitel werden zentrale Methoden der Erkenntnisgewinnung im Biologieunterricht vorgestellt und deren Gemeinsamkeiten im Hinblick auf das naturwissenschaftliche Vorgehen herausgearbeitet. Anschließend werden Einsatzmöglichkeiten, mögliche Schwierigkeiten bei der unterrichtlichen Umsetzung und Unterstützungsstrategien der Lehrkraft geklärt.

Funktionen biologischer Erkenntnismethoden

In den nationalen Bildungsstandards sind die fachgemäßen Denk- und Arbeitsweisen im Kompetenzbereich Erkenntnisgewinnung zusammengefasst (vgl. KMK 2004). Die Schüler sollen sich darin mit den Wegen naturwissenschaftlicher Erkenntnisgewinnung und deren Charakteristika auseinandersetzen. Hierfür sind die drei Dimensionen „Wissenschaftsverständnis", „Wissenschaftliche Erkenntnisprozesse verfolgen" und „Arbeitstechniken beherrschen" leitend:

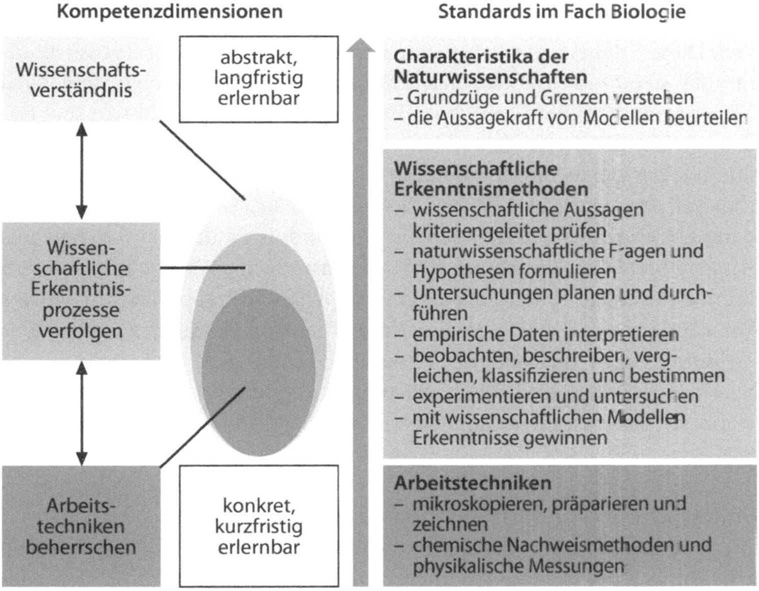

Abb. 14: Modell wissenschaftsmethodischer Kompetenzen (nach MAYER/ZIEMEK 2006, 5)

An der Seite der Aneignung manueller Fähigkeiten und Verfahren steht die kritische Auseinandersetzung der Lernenden mit den Leistungen der naturwissenschaftlichen Erkenntnismethoden, um im Laufe der Schulzeit ein aufgeklärtes Verhältnis zu wissenschaftlichen Erkenntnissen erlangen zu können. Dabei geht es vor allem darum, das Wesen naturwissenschaftlicher Erkenntnisgewinnung (Nature-of-Science) zu verstehen. Sollen die Lernenden Wertschätzung und ein Verständnis für diesen Erkenntnisprozess entwickeln, sind konkrete Erfahrungen in diesem Feld der Schlüssel für ein

Methoden der Erkenntnisgewinnung sollen langfristig das Wissenschaftsverständnis (‚nature-of-science') fördern

Verstehen der Nature of Science (vgl. REHM/STÄUDEL 2010, 14). Für die einzelne Lehrkraft stellt sich die Frage nach Möglichkeiten der konkreten unterrichtlichen Umsetzung. Sollen die Lernenden zu einem möglichst eigenständigen Erkunden und Lernen befähigt werden, ist es grundlegend notwendig, die Bedeutung der jeweiligen Arbeitsweisen für die Erkenntnisgewinnung zu verstehen, damit diese zielgerichtet und planvoll eingesetzt und bewertet werden können. Die Lernenden werden bei der wissenschaftlichen Auseinandersetzung mit den Untersuchungsgegenständen immer wieder mit Problemen konfrontiert, die während der Erkenntnisgewinnung, aber auch an anderen Stellen im Forschungsprozess auftreten können. Diese Erfahrungen stellen eine wichtige Lernchance für das Verständnis des naturwissenschaftlichen Erkenntnisprozesses dar, zu dem auch Umwege und Scheitern gehören. Diese Lerngelegenheit ergibt sich aber nur dann, wenn die Lernenden wissenschaftliches Wissen und Handeln nicht nur reproduzieren dürfen, sondern die Reflexion darüber integraler Bestandteil des Unterrichts ist (vgl. GEBHARD/HÖTTECKE/REHM 2017, 101). Nur dann entwickeln die Lernenden ein Verständnis dafür, dass das Ergebnis wissenschaftlicher Forschung nicht unumstößliche Wahrheiten, sondern immer vorläufige Erkenntnisse sind, die Anknüpfungspunkte für weitere Forschung bieten. Es gilt also eine Unterscheidung zu treffen zwischen empirischen Daten (gewonnen z.B. aus Beobachtungen) und naturwissenschaftlicher Erkenntnis, die theoriebasiert und auf der Grundlage der gewonnen Daten durch Schlussfolgern resultiert (HAMMANN/ASSHOFF 2019, 62).

Naturwissenschaftliche Erkenntnisse sind kein Abbild der Natur

Biologische Erkenntnismethoden auswählen

Ausgangspunkt jeder wissenschaftlichen Untersuchung ist ein Problem, z.B. ein beobachtbares Phänomen, aus dem eine Fragestellung abgeleitet wird, die naturwissenschaftlich untersucht werden kann. Der Prozess der Erkenntnisgewinnung lässt sich aus diesem Grund auch als Problemlöseprozess beschreiben (vgl. MAYER 2013, 59). Als Unterrichtsproblem wird in der Regel etwas wahrgenommen, das nicht auf Anhieb erklärt werden kann, aber auch ein fachlicher Sachverhalt, der bisher nicht im Fokus der Aufmerksamkeit der Lernenden stand. Daraus werden Fragestellungen entwickelt, zu denen Lösungsansätze entworfen werden können. Beim konsequenten Formulieren und Durchdenken dieser Fragestellungen können die Lernenden erkennen, dass nicht jede interessante Fragestellung mithilfe naturwissenschaftlicher Erkenntnismethoden gelöst werden kann.

Naturwissenschaftliche Erkenntnismethoden haben ihre Grenzen

> **Beispiel** für eine Fragestellung, die nicht ohne Weiteres mit naturwissenschaftlichen Erkenntnismethoden zu beantworten ist:
> *Weshalb gefällt mir die Farbe Blau besser als die Farbe Grün?*

Auf Grundlage der Fragestellung wird eine empirisch überprüfbare Hypothese formuliert. Aufbauend auf der begründeten Vermutung kann eine Entscheidung für oder gegen eine Untersuchungsmethode (Beobachtung, Vergleich, Untersuchung, Experiment) erfolgen. Innerhalb der Bildungsstandards werden das Beobachten, Vergleichen und Experimentieren als grundlegende wissenschaftliche Verfahren hervorgehoben (MAYER 2013, 57). Daran schließt sich das Formulieren von Kriterien an. Hier wird festgelegt, welche der vielfältigen Eigenschaften des Objekts beobachtet, betrachtet oder untersucht werden sollen. Abhängig von der gewählten Methode ergeben sich weitere Planungsschritte, an die sich Datenerhebung, Datenaufbereitung, Auswertung der Ergebnisse und Deutung anschließen.
Im Folgenden werden zentrale biologische Arbeitsweisen vorgestellt und anhand von Beispielen in ihrer Bedeutung für den Biologieunterricht diskutiert.

Unabhängig von der gewählten Untersuchungsmethode gibt es Aspekte, die grundsätzlich bei der Planung und Durchführung zu bedenken sind. Diese werden im Folgenden dargestellt:

Checkliste: Erkenntnisse gewinnen

- Ist die Frage- oder Aufgabenstellung verständlich und eindeutig formuliert?
- Ist die Hypothese als überprüfbare Vermutung formuliert?
- Sind die Kriterien eindeutig formuliert?
- Sind die Merkmale/Eigenschaften des Objektes deutlich zu erkennen?
- Verfügen die Lernenden über die notwendigen Arbeitstechniken?
- Wie werden die Lernenden bei der Deutung der Ergebnisse im Hinblick auf die Frage- oder Aufgabenstellung unterstützt?
- Gibt es Zeit und Raum für ein alternatives Vorgehen und Umwege?
- Werden Bezüge hergestellt, die das Wissenschaftsverständnis generell fördern?

Betrachten und Beobachten

Betrachten und Beobachten ist mehr als Hingucken

Auf den ersten Blick scheint völlig klar zu sein, was unter Betrachten bzw. Beobachten zu verstehen ist. Die Schüler*innen sollen genau hinschauen, und nicht selten finden sich Aufgaben mit der Anweisung: „Betrachte genau!". Häufig werden die Begriffe *Betrachten* und *Beobachten* synonym gebraucht. Dass hinter diesen Arbeitsweisen mehr steckt als zunächst vermutet, wird bei folgendem Beispiel deutlich:

Beispiel zur Arbeitsweise *Betrachten*
1. Betrachte dein Auge ganz genau im Spiegel.
2. Fertige eine Zeichnung aller von außen sichtbaren Strukturen an.
3. Achte bei deiner Zeichnung darauf, dass die Strukturen in den richtigen Größenverhältnissen abgebildet werden.

Beispiel zur Arbeitsweise *Beobachten*
1. Halte einen Karton zwischen deine Augen.
2. Deine Partnerin/dein Partner belichtet mit der Taschenlampe eines deiner Augen und beobachtet das Pupillenspiel beider Augen.
3. Deine Partnerin/dein Partner fertigt vor und nach der Belichtung jeweils eine Skizze beider Augen an.

In der ersten Aufgabenstellung wird ein ruhendes Objekt erfasst – es wird betrachtet, in der zweiten Aufgabe liegt der Fokus auf einem Vorgang. Da hierbei in der Regel mehrere Faktoren zeitgleich berücksichtigt werden müssen, ist das Beobachten häufig anspruchsvoller als das Betrachten (vgl. Köhler 2019, 149). Beiden Arbeitsweisen gemeinsam ist aber, dass es um mehr geht als Hingucken. Die Lehrkraft muss jeweils im Vorfeld klären, nach welchem Kriterium oder nach welchen Kriterien beobachtet oder betrachtet werden soll.

Im Falle des Betrachtens wären bei obigem Beispiel die Vollständigkeit der Strukturen, die Detailliertheit und die Wiedergabe der korrekten Größenverhältnisse mögliche Kriterien. Für das Beobachten des Pupillenspiels wäre die Wahrnehmung und Darstellung der Pupillenweite bei unterschiedlicher Belichtung das zentrale Beobachtungskriterium. Häufig ist das Betrachten im Beobachten aufgehoben, aus diesem Grund wird im Folgenden nur noch vom Beobachten gesprochen (Gropengiesser 2013, 269).

Beobachtung und Deutung müssen voneinander getrennt werden

Zur Auswertung und Deutung der gewonnen Daten und Ergebnisse müssen die Beobachtungen verbalisiert werden. Diese Phase sollte nicht unterschätzt werden: Treffende Formulierungen zu finden ist häufig für die Lernenden mühsam, aber unverzichtbar, da das Verbalisieren ein wichtiger Schritt im naturwissenschaftlichen Erkenntnisprozess ist. Anknüpfend an die Deutung können neue Fragestellungen aufgeworfen werden. Bei den obigen Beispielen könnte dies z. B. die Frage nach der Funktion der jeweiligen Strukturen des Auges sein. Um diese Frage beantworten zu können, müssen andere Arbeitsweisen zum Einsatz kommen.

Checkliste Beobachten: Was kann schiefgehen?

- Sind die Lernenden geübt im Anwenden der Arbeitstechniken (Zeichnen, Mikroskopieren)?
- Sind die festgelegten Kriterien klar formuliert?

Untersuchen

Greift man mit Hilfsmitteln beim Beobachten in den Bau eines Objektes ein oder ist das Beobachtungsprogramm umfangreicher, spricht man von Untersuchen. Wichtige Formen des Untersuchens sind z. B. das Sezieren und Präparieren oder Nachweisuntersuchungen (vgl. GROPENGIESSER 2013, 274). Untersuchungen erfolgen kriteriengeleitet. Dadurch kann etwa die versehentliche Zerstörung von Präparaten vermieden werden. Neben einer klaren Aufgabenstellung kann eine anschauliche und verständliche Präparationsanleitung, eventuell auch mit erklärenden Abbildungen, dies verhindern.

Checkliste Untersuchen: Was kann schiefgehen?

- Sind die festgelegten Kriterien klar formuliert?
- Lernende können sich vor dem zu untersuchenden Objekt ekeln. Wie soll damit umgegangen werden?
- Sind die Lernenden vertraut mit den verwendeten Hilfsmitteln?

Vergleichen

Das Vergleichen ist ebenfalls aus dem Alltagskontext bekannt. Auch hier werden Kriterien angewandt, die der Strukturierung dienen und dem Vergleich eine Zielrichtung geben: Verglichen wird immer im Hinblick auf etwas (vgl. KÖHLER 2019, 134). Die Auswahl der Vergleichskriterien bestimmt dabei das Ergebnis des Vergleichs.

Beispiel für einen Vergleich innerhalb einer Gruppe (Linsenaugen)

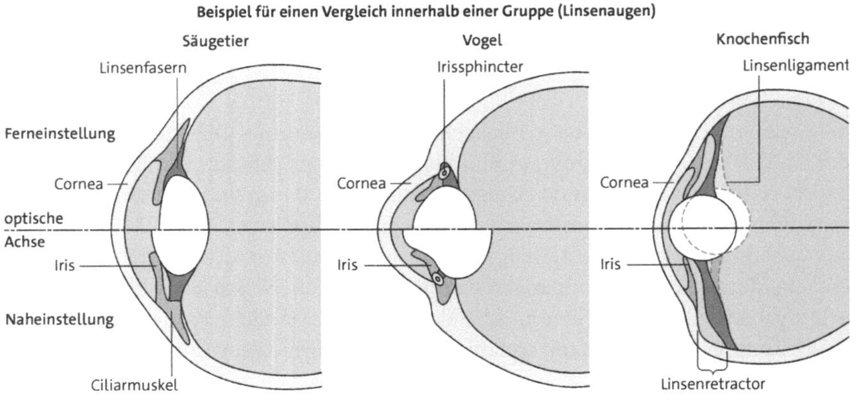

Abb. 15: Akkommodation von Linsenaugen

1. Vergleiche mithilfe der Abbildung die Vorgänge während der Akkommodation beim Knochenfisch, beim Vogel und beim Säugetier.
2. Achte dabei auf die Linse und deren Krümmung und auf die Linsenmuskeln.

Das Ergebnis eines Vergleichs wird stärker durch die Auswahl der Vergleichskriterien bestimmt als durch die Objekte selbst

Aufgrund der Formenvielfalt der Lebewesen dient das Vergleichen der Erkundung von Merkmalen, der Systematisierung der Vielfalt und der Einsicht in gemeinsame Bau- und Funktionsprinzipien biologischer Systeme. Ein Vergleich kann somit als Versuch verstanden werden, Gleiches im Verschiedenen zu entdecken (vgl. GROPENGIESSER 2006, 255). Objekte des Vergleichs können Organismen sein (z. B. Vergleich von Entwicklungsstadien), aber auch Stoffwechselwege (z. B. Atmung und Gärung). Verglichen werden kann innerhalb einer Gruppe von Objekten oder zwischen verschiedenen Gruppen (z. B. Nervensystem und Hormonsystem als Informationssysteme). Die Vergleichskriterien ergeben sich aus den Eigenschaften oder Merkmalen, nach denen verglichen wird, z. B. Form, Farbe, stoffliche Beschaffenheit, Fortpflanzungs- und Entwicklungsvorgänge.

Beim Vergleich innerhalb einer Gruppe rücken vor allem die Unterschiede ins Blickfeld der Betrachtung, beim Vergleich zwischen Gruppen fallen stärker allgemeine Eigenschaften ins Auge. Im obigen Beispiel wird dabei der Fokus auf die Unterschiede des Zusammenspiels von Linsenmuskeln und Linsenkrümmung bei verschiedenen Wirbeltieren gerichtet (Abb. 15). Zu beachten ist, dass die verwendeten Kriterien im Unterricht deutlich herausgearbeitet werden müssen, da Schüler*innen häufig nicht kriterienstet vorgehen, d. h. zwischen verschiedenen Kriterien wechseln. Durch den Vergleich von Objekten können die Lernenden aber auch angeregt werden, selbst Beobachtungskriterien zu entwickeln, um die Selbsttätigkeit zu fördern (vgl. HAMMANN 2013, 296). Aus dem Vergleichen können sich als weitere Arbeitsweisen das Ordnen und Klassifizieren ergeben. Auch das Bestimmen ist eine Form des Vergleichens.

Checkliste Vergleichen: Was kann schiefgehen?
- Sind die festgelegten Kriterien klar formuliert?
- Wie werden die Lernenden beim kriteriensteten Anwenden der festgelegten Vergleichskriterien unterstützt?

Mikroskopieren planen und durchführen

Anke Meisert

Mikroskopieren stellt eine der faszinierendsten Erfahrungen des Biologieunterrichts dar. Der Blick durch das Mikroskop eröffnet Lernenden neue Dimensionen des Betrachtens und Beobachtens: Die bekannten makroskopischen Strukturen entpuppen sich in ihrer zellulären Organisation als unbekannte und oft auch rätselhafte Erscheinungen. Die zellulären Strukturen lassen die bekannte makroskopische Welt in einem neuen Licht erscheinen, indem sie vielfältige Erklärungsansätze für makroskopische Eigenschaften bieten. Das Erschließen der *histologischen und zellulären Organisationsebene* eröffnet somit eine neue Dimension des Verstehens.

Trotz seines hohen Motivations- und Lernpotenzials ist die erfolgreiche Umsetzung des Mikroskopierens keineswegs ein Selbstläufer. Daher müssen vor allem folgende Planungsaspekte berücksichtigt werden:
- Wie kann das Mikroskopieren als *Arbeitstechnik* im Unterricht sinnvoll angeleitet werden?
- Wie können durch mikroskopische Analysen Lernprozesse sinnvoll unterstützt werden?
- Welche Schwierigkeiten können beim Mikroskopieren auftreten?

Der folgende Text geht hierbei auf die eigentliche Analyse mikroskopischer Präparate ein; Anleitungen zum generellen Umgang mit dem Mikroskop und dessen Einführung im Unterricht finden sich umfangreich in der Literatur (GROPENGIESSER 1997, STAECK 1998, PETER 2004, KREMER 2005).

Obwohl das Mikroskopieren meist als motivierendes Unterrichtsereignis erlebt wird, sind mikroskopische Analysen mit verschiedenen Schwierigkeiten verbunden, die im Folgenden kurz umrissen werden. Der mögliche

Umgang mit technischen Problemen, die zudem auftreten können, wird nach Abb. 16 diskutiert.

Strukturen identifizieren

Zelluläre Strukturen bieten dem ungeübten Betrachter ein meist diffuses, ungeordnetes Bild: Wo in einem Gewebe die Zellgrenzen verlaufen oder wo ein Gewebe in ein anderes übergeht, lässt sich häufig nicht leicht erkennen.

Das Identifizieren zellulärer bzw. histologischer Strukturen ist somit ein intensiver Analyseprozess, der einen Modellbildungsprozess darstellt, bei dem zwischen relevanten und weniger relevanten Strukturen unterschieden wird (siehe Tab. 6). Diese Unterscheidungen können Experten leicht vornehmen, da sie bekannte Muster in den Präparaten identifizieren können. Eine Hilfestellung für Novizen besteht darin, Analysekriterien zu nutzen, die eine Fokussierung auf ausgewählte Details ermöglichen. Solche Kriterien können die Farbgebung, die Formen, erkennbare Musterunterschiede oder die auch Größenverhältnisse sein. Ein zentraler Schritt des Modellbildungsprozesses ist die Entwicklung einer dreidimensionalen Vorstellung der biologischen Strukturen. Diese Vorstellungsbildung kann dadurch unterstützt werden, dass nacheinander auf unterschiedliche Ebenen scharf gestellt wird. Unterschiede oder Ähnlichkeiten zwischen den Ebenen können dann in eine räumliche Vorstellung zusammengefügt werden.

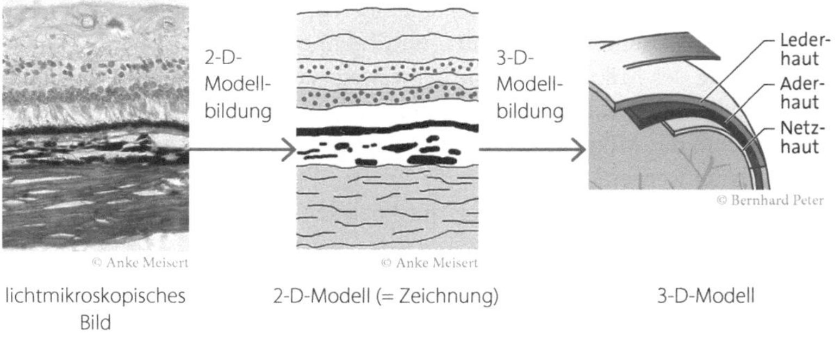

Abb. 16: Schritte der Modellbildung bei der Auswertung mikroskopischer Präparate

Mikroskopieren im Unterricht sinnvoll anleiten
Das Mikroskopieren stellt gerade durch die Handhabung des technischen Geräts hohe Anforderungen an die Lernenden. Schulbücher und Begleitmaterialien bieten eine Fülle von Anleitungen, um diesem Problem im Unterricht zu begegnen. Wesentlich für die unterrichtliche Planung ist es, den Lernenden eine schrittweise Einübung des Umgangs mit dem Mikroskop zu ermöglichen. Um das Niveau einer mikroskopischen Analyse einschätzen zu können, ist es sinnvoll, drei Anforderungsebenen zu unterscheiden:

- *Umgang mit dem Gerät,*
- *Herstellen des Präparats und*
- *Analysieren des Präparats.*

Als Einstieg in das Mikroskopieren sollte ein Gegenstand ausgewählt werden, der weder eine aufwändige Präparation noch eine komplexe Analyse erfordert. Sowohl der Präparations- als auch der Analyseaufwand kann dann im Sinne einer *sukzessiven* Kompetenzentwicklung jeweils schrittweise erhöht werden (Tabelle unten).

Niveau	Präparation	Analyse
niedrig	keine oder einfache Präparation, z. B. Pantoffeltierchen oder Zwiebelepidermis	einfache Strukturen, z. B. Mundschleimhautzellen
mittel	Schnittpräparat, z. B. Blattquerschnitt	komplexere Strukturen, z B. Blattquerschnitt
hoch	Anfärbung, z. B. Neutralrot-Ionenfalle	vergleichende Analyse oder sich verändernde Strukturen, z. B. Plasmolyse

Tab. 6: Unterschiedliche Niveaus zweier Teilprozesse des Mikroskopierens (Präparation und Analyse) mit entsprechenden Umsetzungsbeispielen

Trotz durchdachter Anleitungen treten beim Umgang mit dem Mikroskop immer wieder Fehler auf, die eine individuelle Betreuung erfordern. Beim Lösen entsprechender Probleme können den Lernenden durch Hilfekarten Anregungen zur Verfügung gestellt werden, welche die Lehrkraft bei der Beratungstätigkeit entlasten. Diese Hilfekarten können so angelegt sein, dass zu jeweils einem Fehlertypus mögliche Ursachen aufgeführt werden, die die Lernenden selbstständig überprüfen können (s. Abb. S. 17). Umfassende Anregungen für entsprechende Fehler, ihre Ursachen und mögliche Abhilfen finden sich bei GROPENGIESSER (1997).

Hilfekarte

Problem:	mögliche Ursachen:		Lösung:
	Stromanschluss vorhanden?	➡	Stecker einstecken!
Gesichtsfeld ist dunkel	Lampe intakt?	➡	Lampe wechseln!
	Objektrevolver eingerastet?	➡	Revolver drehen!
	…	➡	…

Abb. 17: Beispiel für eine mögliche Hilfekarte beim Mikroskopieren

Lernprozesse durch Mikroskopieren sinnvoll unterstützen

In Abschnitt 1 *Strukturen identifizieren* wurde deutlich, dass die Analyse mikroskopischer Präparate hohe Anforderungen an den Betrachtenden stellt, da relevante Strukturen zu identifizieren sind und eine entsprechende Modellvorstellung schrittweise konstruiert werden muss. Diese Modellbildungsprozesse können durch *hinführende, begleitende* und *auswertende* Unterrichtsstrategien unterstützt werden; diese Strategien werden im Folgenden vorgestellt und anhand eines Unterrichtsbeispiels zur Analyse des Aufbaus von Netz-, Ader- und Lederhaut konkretisiert.

Hinführende Unterrichtsstrategien zur mikroskopischen Analyse

Die Unterscheidung zwischen relevanten und weniger relevanten Strukturen (vgl. Abschnitt *Strukturen identifizieren*) wird erleichtert, wenn Lernende mit einer Fragehaltung in die mikroskopische Analyse eintreten. Wird z. B. ein Querschnitt der Hülle des Augapfels ohne eingrenzende Fragestellung analysiert, gibt es eine unüberschaubare Menge von Detailstrukturen, die betrachtet werden können. Der Analyseprozess wird dadurch schnell als willkürlich und die Zielsetzung als diffus erlebt. Wird der Analyse jedoch die Frage vorangestellt, welche Strukturen den verschiedenen Funktionen der Reizaufnahme sowie der Stabilisierung und der Versorgung des Augapfels zugrunde liegen, kann ein Betrachten des Präparats mit dem Kriterium Kompartimentierung erfolgen. Jenseits der vielen Details kann die erkennbare Schichtung des Präparats so gezielter als relevant identifiziert werden. Diese Relevanzzuschreibung gibt Orientierung und motiviert dazu, das als relevant Eingestufte tiefergehend verstehen zu wollen.

Das vorgestellte Beispiel fragegeleiteten Mikroskopierens zeigt zudem eine bewährte Strategie zur Entwicklung hinführender Fragestellungen für mikroskopische Analysen, indem eine Funktionsweise als Anlass für die Frage nach den zugrundeliegenden Strukturen genutzt wird. Dies ermöglicht verstehensorientierte und als relevant erlebbare Fragestellungen und fördert im Sinne einer übergeordneten Kompetenzentwicklung das Denken in Struktur-Funktions-Zusammenhängen. (vgl. MEISTERT, im Druck)

Zeichnen kann die mikroskopische Analyse begleiten

Um den Prozess des Mikroskopierens selbst zu unterstützen, sind neben den Hilfestellungen zum technischen Umgang (vgl. Abschnitt *Mikroskopieren im Unterricht sinnvoll unterstützen*) begleitende Aufgabenformate sinnvoll, die den Modellbildungsprozess fördern. Eine typische Aufgabe hierzu stellt das Zeichnen des mikroskopischen Präparats dar. Diese altmodisch anmutende Arbeitsweise hat für mikroskopische Analysen ein kaum zu überschätzendes Potenzial. Es fordert die Lernenden dazu auf, die von ihnen als relevant identifizierten Strukturen darzustellen und somit die von ihnen entwickelte Modellvorstellung zeichnerisch zu konkretisieren. Das Zeichnen unterstützt somit produktorientiert den kognitiven Prozess, der durch die mikroskopische Analyse intendiert wird. Dieses Zeichnen wird von den Lernenden jedoch häufig als Überforderung bzw. als wenig motivierend erlebt. Einige Planungsaspekte können dabei helfen, diesen Problemen des Zeichnens entgegenzuwirken.

- **Schritt 1: Zu zeichnenden Ausschnitt und Detailgenauigkeit vorgeben**
  Das Zeichnen mikroskopischer Präparate überfordert die Lernenden meist schon dadurch, dass der zu zeichnende Umfang als zu groß erscheint. Ihnen muss daher verdeutlicht werden, welcher Ausschnitt des Präparats (z. B. 2 bis 3 Zellen) in welcher Detailgenauigkeit (z. B. nur Umrisse) zu zeichnen ist.

- **Schritt 2: Größe der Zeichnung vorgeben**
  Lernende wählen beim Zeichnen häufig einen ungeeigneten Maßstab, indem sie die Zeichnungen z. B. zu klein anfertigen. Daher sollte in Kombination mit dem Präparatausschnitt auch vorgegeben werden, wie groß die fertige Zeichnung sein soll. Für die meisten Präparate ist eine halbe DIN-A4-Seite geeignet, sodass neben der Zeichnung auch noch genug Platz für Beschriftungen verbleibt.

- **Schritt 3: Orientierung schaffen**
  Trotz hinführender Maßnahmen und Unterstützungen tritt immer wieder das Problem auf, dass es Lernenden nicht gelingt, relevante Strukturen in einem Präparat sicher zu identifizieren. Dieses Orientierungsdefizit sollte vor dem Anfertigen einer Zeichnung behoben werden. Neben den Möglichkeiten individueller Beratung kann es insbesondere bei komplexen Präparaten sinnvoll sein, durch eine Zwischensicherung erste Zu-

gänge zur Präparatanalyse anzubieten. Dies kann in Form einer zentralen Phase erfolgen, indem ein mikroskopisches Bild durch eine Videoprojektion oder ein projiziertes Originalfoto gemeinsam betrachtet wird. So können die erkennbaren Strukturen gemeinsam diskutiert werden, um Orientierung für die darauffolgende Phase des Zeichnens herzustellen.

- **Schritt 4: Zeichnungen auswerten**
  Das weitere Nutzen der eigenständig erstellten Zeichnungen vermittelt den Lernenden Wertschätzung ihrer Produkte, lässt die zeichnerischen Bemühungen rückblickend als sinnvoll erscheinen und fördert damit ein entsprechendes Kompetenzerleben. Die angefertigten Zeichnungen sollten daher Eingang in den gemeinsamen Auswertungsprozess finden; im Folgenden werden hierzu Anregungen gegeben.

Zeichnungen auswerten

Die Qualität von Auswertungsphasen in Mikroskopierstunden zeigt sich wesentlich daran, ob die individuellen Analyseergebnisse der Lernenden für den Auswertungsprozess fruchtbar gemacht werden. Dies gelingt besonders gut mithilfe von Zeichnungen, indem beispielsweise zwei bis drei Lernende ihre Zeichnungen durch Übertragen auf eine OHP-Folie und der Lerngruppe vorstellen. Gemeinsam kann dann diskutiert werden, inwieweit die jeweilige Zeichnung alle als wichtig erachteten Strukturen zutreffend darstellt. Nach einer Phase des Vergleichens und Wertschätzens der Zeichnungen kann eine der Zeichnungen ausgewählt werden, um daran die wesentlichen Interpretationsansätze zu verdeutlichen und unter Umständen Fachbegriffe einzuführen (s. Abb. 18, linke Teilabbildung). Bei der Einführung von Fachwörtern ist es wichtig zu beachten, dass zunächst eine ausführliche Beschreibung der Strukturen erfolgen sollte, um erst dann den entsprechenden Fachbegriff zur Verfügung zu stellen.

Digitale Medien bieten weitere Möglichkeiten der Dokumentation und Bearbeitung mikroskopischer Bilder. Mit Smartphones oder Okularkameras können mikroskopische Fotos erstellt, an Tablets bearbeitet und dann per Beamer oder interaktivem Board präsentiert werden. Die digitale Bearbeitung ermöglicht ein einfaches Beschriften, aber auch ein Nachzeichnen relevanter Strukturen oder Strukturgrenzen („digitales Abpausen", Weitzel 2020). Auch dies stellt einen Modellbildungsprozess dar, der dem mikroskopischer Zeichnungen ähnelt, aber durch die direkte Vorlage weniger Fähigkeiten freien Zeichnens erfordert. Insbesondere das Löschen des Fotos nach dem ‚Abpausen' bietet einen transparenten Übergang vom Original zum schematisierten Modell (Beispiel hierzu in Brill/Luster/Meisert

2016, 317). Darüber hinaus können über Digitalkameras auch mikroskopisch sichtbare Prozesse wie Plasmaströmung oder die Bewegung von Wasserflöhen filmisch dokumentiert und bearbeitet werden.

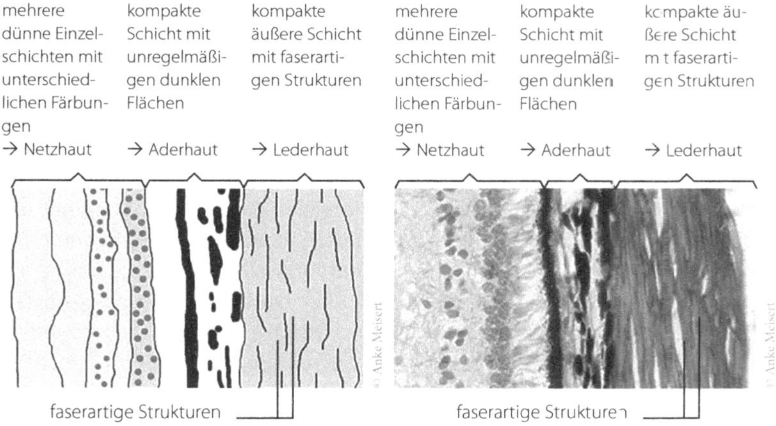

Abb. 18: Links: Zeichnung eines Lernenden und entsprechende Markierungen bzw. Beschriftungen während einer Auswertungsphase; rechts: Originalaufnahme mit entsprechenden Eintragungen während einer Auswertungsphase

Mikroskopische Analysen liefern häufig nur unvollständige Antworten. In unserem Beispiel zur Kompartimentierung der Augapfelhülle in unterschiedliche Gewebe geben die mikroskopisch erkennbaren Schichten nur einen Hinweis auf mögliche Funktionsunterschiede, die erst durch weitergehende Analysen geklärt werden können. Im Sinne einer angemessenen *Förderung der Auswertungskompetenz* sollte daher bei der *Deutung* mikroskopischer Analysen präzisiert werden, was sich aus den Präparatanalysen schlussfolgern lässt und was nicht. Eine Deutung der mikroskopischen Analyse zu unserem Unterrichtsbeispiel könnte beispielsweise lauten:

Beispiel: Deutung
Die Hülle des Augapfels zeigt im Querschnitt eine deutliche Schichtung. Nach außen sind zwei dickere Schichten zu erkennen; nach innen liegt ein Abschnitt, der in sich wiederum mehrere dünne Schichten aufweist.
→ *Vermutung:* Die drei erkennbaren Schichten erfüllen die unterschiedlichen Funktionen wie Reizaufnahme, Stabilisierung und Versorgung.

> *Ergänzende Information:* Die Schichten heißen von außen nach innen Leder-, Ader- und Netzhaut. Die Netzhaut besteht wiederum aus verschiedenen Zellschichten.

Experimente planen und durchführen

Petra Baisch

Der Begriff „Experimentieren" wird in unterschiedlichen Kontexten gebraucht

Im alltagssprachlichen Kontext sprechen wir davon zu experimentieren, wenn wir z. B. ein Kochrezept abwandeln oder etwas Neues wagen, um unsere Erfahrungen zu erweitern. Hier wird der Begriff also im Sinne des Ausprobierens verwendet, ein planvolles Vorgehen steht nicht unbedingt dahinter. Im schulischen Kontext wird unter Experimentieren sowohl das Abarbeiten von Versuchsanleitungen mit vorgegebenen Handlungsanweisungen verstanden als auch die selbstständige Durchführung von Beobachtungsaufgaben oder Nachweisreaktionen. Der Begriff wird sehr weit gefasst und nahezu inflationär gebraucht. Wir verwenden das Wort Experimentieren im Sinne der Bildungsstandards. Danach ist unter Experimentieren ein problemorientiertes Vorgehen zu verstehen, das eng mit dem forschend-entwickelnden Unterricht (SCHMIDKUNZ/LINDEMANN 1992) und dem forschenden Lernen (MAYER/ZIEMEK 2006) verwandt ist. Bei dieser Lernaktivität eignen sich die Lernenden mittels eines wissenschaftlichen Erkenntnisprozesses zugleich Lerninhalte und Erkenntnismethoden an. Ziel ist es, darüber hinaus ein Verständnis der Genese und des Stellenwerts naturwissenschaftlichen Wissens im Sinne einer naturwissenschaftlichen Grundbildung zu entwickeln (vgl. GEBHARD/HÖTTECKE/REHM 2017, 40). Die Orientierung erfolgt an authentischen Problemstellungen und einem offenen, prozessorientierten Lernarrangement (vgl. MAYER/ZIEMEK 2006, 7). Derart verstanden sind die Kennzeichen eines Experiments:

1. die Beobachtung der Messgröße unter hergestellten Bedingungen,
2. die Isolation der Einflussgröße,
3. die systematische Variation der Einflussgröße (vgl. PIETSCH 1954/55, 197, zitiert nach GROPENGIESSER 2006, 260).

Ob ein Experiment in der Schule gelingt, hängt von mehreren Faktoren ab:

a. dem Wesen des Problems (was auch immer das ist),
b. dem Vorwissen der Lernenden,
c. den methodischen Fähigkeiten von Lehrkraft und Lernenden,
d. der Situation, in der experimentiert wird (was auch immer das ist).

Im Folgenden wird exemplarisch ein Experiment entworfen. An diesem Beispiel wird das Vorgehen bei den einzelnen Prozessschritten analysiert – sowohl hinsichtlich der Anforderungen an die Schüler*innen, als auch mit Blick auf mögliche Fehlerquellen.

Das naturwissenschaftliche Experiment zeichnet sich dadurch aus, dass die Bedingungen der Untersuchung planvoll verändert werden. Um die vorab formulierte Hypothese zu überprüfen, wird nur einer der beteiligten Faktoren gezielt variiert, während alle anderen Parameter konstant gehalten werden. In der folgenden Grafik wird dieses sogenannte hypothetisch-deduktive Verfahren dargestellt (nach KLAUTKE in KÖHLER 2019, 153):

„Das Auftreten typischer Fehler beim Experimentieren findet sich in allen grundlegenden Phasen des Experimentierprozesses: der Hypothesenbildung, der Planung und der Datenanalyse.“ (RANDLER et al. 2015, 260)

Induktion bedeutet den Schluss vom Einzelfall auf das Allgemeingültige

Deduktion bedeutet den Schluss vom Allgemeinen auf den Einzelfall

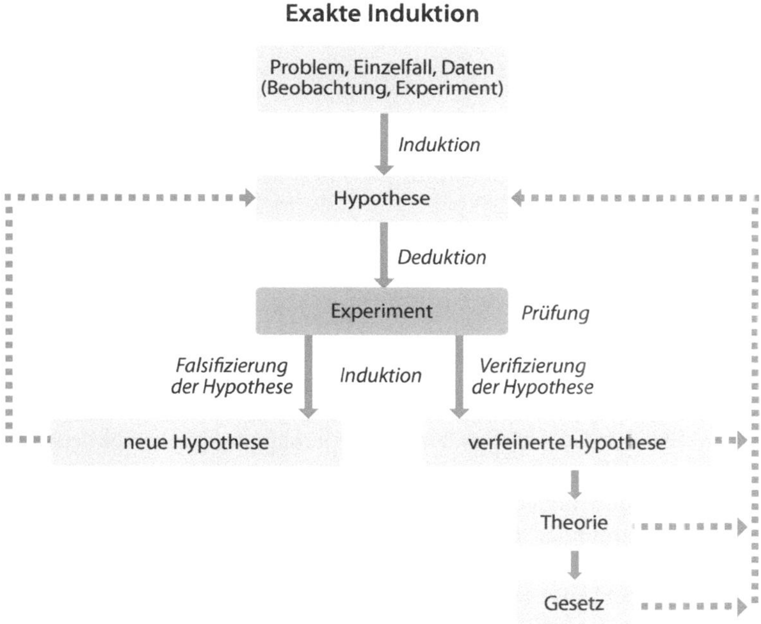

Abb. 19: Hypothetisch-deduktives Verfahren (verändert nach KLAUTKE)

Aus diesem Modell ergeben sich die konkreten Planungsschritte (siehe Tab. 7, Ablaufplan verändert nach MAYER/ZIEMEK 2006), die im weiteren Verlauf genauer erläutert werden.

Schritt 1: Entwicklung der Problemstellung	• Erfassen der Problemsituation
Schritt 2: Entwicklung der Fragestellung und der Hypothese	• Formulierung einer Forschungsfrage, die naturwissenschaftlich untersucht werden kann • Formulierung einer möglichen Antwort auf die Forschungsfrage = begründete Vermutung (Hypothese)
Schritt 3: Planung des Experiments	• Ableitung von empirisch überprüfbaren Folgerungen aus der Hypothese, also Überlegungen dazu, wie Daten und Messwerte gewonnen werden können • Identifizierung der abhängigen, unabhängigen und zu kontrollierenden Variablen, d. h., nur die Versuchsbedingung wird verändert, die nach der Vermutung einen Einfluss hat • Planung des Vorgehens zur Durchführung: Materialliste, Ablaufplan, Versuchsprotokoll, Aufgabenverteilung in der Gruppe
Schritt 4: Durchführung des Experiments	• Aufbau der Versuchsanordnung • Gewinnen und Protokollieren der Daten
Schritt 5: Auswertung, Analyse und Deutung der Daten	• Auswertung der Messergebnisse und Beobachtungen, z. B. in einer Tabelle, einer Zeichnung, einem Diagramm • Vergleich der Ergebnisse mit der Hypothese (Verifikation/Falsifikation) • Interpretation der Ergebnisse durch Bezug zur Theorie • Diskussion der Genauigkeit der Ergebnisse, d. h. möglicher Fehler bei der Durchführung

Tab. 7: Ablaufplan

Schritt 1: Entwicklung der Problemstellung

Kontexte werden danach gewählt, ob sie Anknüpfungspunkte für Lernende anbieten (vgl. Kap. 4.7).

Die Problemstellung sollte aus einem authentischen Kontext stammen und nicht zu komplex sein

Mit der Konstruktion eines alltagsnahen Szenarios, in das die Problemstellung eingebunden ist, soll die Anwendung des Gelernten im Alltag leichter erfolgen. Ergebnisse aus der Forschung zeigen allerdings, dass eine komplexe Problemsituation auch zu einer kognitiven Überlastung führen kann, weil ein großer Teil der kognitiven Ressourcen durch den Problemlöseprozess gebunden ist und für die inhaltliche Durchdringung des Problems nicht zur Verfügung steht. Eine geeignete Problemstellung sollte daher für die Lernenden überschaubar und leicht zu erfassen sein. Entscheidend ist dabei auch die Art, in der das Problem präsentiert wird, z. B. als offene, schriftliche Aufgabe oder grafisch, z. B. mittels eines Concept Cartoons (vgl. Kap. 4.1). Hier sind viele Varianten denkbar. Zu offene Problemlösesituationen schränken das problemorientierte, systematische Vorgehen der Lernenden beim Experimentieren ein (vgl. Mayer 2007, 182).

Beispiel für eine Problemstellung
Die Klasse 8a beschäftigt sich mit dem Tastsinn und den Sensoren für Druck, Vibration und Berührung, den Mechanorezeptoren. Um ein Gefühl für die Sensibilität der Haut zu bekommen, teilt ihnen die Lehrperson einen Satz in Blindenschrift (Brailleschrift) aus. Die Schüler*innen arbeiten in Partnerarbeit zusammen. Sie wissen schon, dass ein Buchstabe immer in einer 6-Punkte-Zelle angeordnet ist. Ein/e Partner/in hat dabei die Augen verbunden und soll herausfinden, wie die erhabenen Punkte jeweils angeordnet sind, um dann mithilfe einer Vergleichskarte das Punktmuster dem jeweiligen Buchstaben zuzuordnen und den Satz zu entschlüsseln. Anna und Kim arbeiten zusammen. Anna hat die Augen verbunden und diktiert Kim die Punkte die sie wahrnimmt: „Oben links und rechts, in der Mitte keiner und unten … keine Ahnung." Mehrfach streicht Anna mit dem Zeigefinger über die Punkte. „Unten rechts ist glaube ich auch noch einer." „Stimmt!", bestätigt Kim. „O.k. jetzt habe ich einen Buchstaben, aber so kann doch keiner flüssig lesen", meint Anna, „bestimmt können blinde Menschen das besser!" „Vielleicht kann man das üben oder der Tastsinn ist bei ihnen einfach besser entwickelt. Aber schon krass, wie genau man mit einem Finger wahrnehmen kann", entgegnet Kim „Vielleicht kommt daher der Begriff ‚Fingerspitzengefühl'?!" überlegt Anna und nimmt sich vor, die Frage später bei der Besprechung zu stellen.

Als bedeutsame Merkmale im Hinblick auf eine erfolgreiche Problembearbeitung haben sich auf Schülerseite das bereichsspezifische Vorwissen und die Kenntnis von Problemlösestrategien erwiesen. Deshalb gilt es genau zu überlegen, zu welchem Zeitpunkt die Durchführung eines entdeckenden Experiments im Rahmen einer Unterrichtseinheit sinnvoll ist und über welche Vorkenntnisse und Vorerfahrungen die Schüler*innen bereits verfügen sollten.

Checkliste: Problemstellung
- Ist die Problemstellung in einen authentischen, alltagsnahen Kontext eingebunden?
- Ist die Problemsituation für die Lernenden klar verständlich und überschaubar?
- Verfügen Lernende über das nötige Vorwissen, um die Problemstellung zu erfassen?

Schritt 2: Entwicklung der Fragestellung und der Hypothese
Aus der Problemstellung können sich verschiedene Fragen ergeben. Diese sollen zunächst generiert und gesammelt werden, bevor in einem weiteren Schritt die Fragen ausgewählt werden, die auch naturwissenschaftlich un-

tersucht werden können. In unserem gewählten Beispiel, könnte die Frage, ob der Tastsinn sehbehinderter Menschen besser entwickelt ist, nicht experimentell von den Schüler*innen untersucht werden. Es könnte aber durchaus überlegt werden, wie eine entsprechende Studie konzipiert sein müsste, um zu verlässlichen Aussagen zu gelangen.

Eine Hypothese ist eine begründete Vermutung

Aus dieser weit gefassten Sammlung von Fragen gilt es nun eine Fragestellung auszuwählen, aus der eine empirisch überprüfbare Hypothese abgeleitet werden kann (sieh folgendes Beispiel). Diese wird als begründete Vermutung formuliert. Sie beschreibt, was beobachtet werden müsste, wenn die Hypothese zuträfe (vgl. MAYER/ZIEMEK 2006, 6). Häufig werden die vermuteten Zusammenhänge über Ursache-Wirkungs-Beziehungen auch als „Wenn-dann-Sätze" formuliert. Das Formulieren von Hypothesen bereitet den Schüler*innen in der Regel Schwierigkeiten, und auch die Lehrperson ist hier in besonderem Maße gefordert.

Das Formulieren von Hypothesen ist anspruchsvoll

Beispiel für eine aus der Fragestellung abgeleitete Hypothese

Im Rahmen der Unterrichtseinheit erworbenes Vorwissen: Die Schüler*innen haben im Rahmen der Unterrichtseinheit zum Thema Funktionen der Haut bereits gelernt, dass

- die Haut aus unterschiedlichen Schichten aufgebaut ist;
- sich in den Hautschichten unterschiedliche Rezeptoren für die Wahrnehmung von mechanischen Reizen (Druck, Vibration und Berührung) und von thermischen Reizen befinden;
- die Informationen eines einzelnen Rezeptors/Sensors zusammen mit den Informationen anderer Rezeptoren eines Hautareals gemeinsam verarbeitet werden (rezeptives Feld).

Ausgewählte Fragestellung: Wie kommt es, dass die eng beieinander liegenden Punkte der Blindenschrift beim Darüberstreichen einzeln wahrgenommen werden können?

Mögliche Hypothese (auf Basis des Vorwissens): Wenn die Sensibilität an den Fingerspitzen besonders hoch ist, muss die Dichte der Mechanorezeptoren dort hoch sein.

Verfeinerte Hypothese: Wenn an den Fingerspitzen zwei nah beieinander liegende Punkte als getrennt wahrgenommen werden, muss die Dichte der Druckpunkte dort hoch sein.

Das Beispiel macht deutlich, dass das Formulieren und Durchdenken von Hypothesen kognitiv anspruchsvoll ist und der Übung bedarf. Für Lernende, die mit der Methode des Experimentierens noch nicht vertraut sind, steht das Erzielen eines Effektes im Vordergrund. Die Bedeutung von Hypothesen als theoretisch fundierte Vorhersagen über Ursache-Wirkungsbeziehungen wird nicht erkannt. Häufig wird das Erzeugen eines Effekts von Schüler*innen sogar als entscheidendes Kriterium für ein Experiment formuliert (vgl. HAMMANN/ASSHOFF 2019, 63). Schwierigkeiten bereitet es erfahrungsgemäß auch einmal formulierte Hypothesen zu revidieren, wenn diese sich bei der Durchführung nicht bestätigen. Deshalb müssen Lernende schrittweise an das hypothesengeleitete Experimentieren herangeführt werden (ausführliche Erläuterung der Kompetenzniveaus in Hammann 2004, 200).

Checkliste: Fragestellung / Hypothesen formulieren
- Ist die Fragestellung verständlich und eindeutig formuliert?
- Kann die Fragestellung durch die Durchführung eines Experiments beantwortet werden?
- Ist die Hypothese als überprüfbare Vermutung formuliert?
- Wie geübt sind die Lernenden im Formulieren von Hypothesen?

Schritt 3: Planung des Experiments

Um Hypothesen überprüfen zu können, müssen Experimente so geplant und durchgeführt werden, dass eindeutige Aussagen möglich sind. Wesentlich ist hierbei der Umgang mit Variablen. Nur diejenige Versuchsbedingung (ursächliche Variable) wird variiert, von der eine erwartete Wirkung ausgeht, während die anderen Versuchsbedingungen konstant gehalten werden. Eine Variable ist ein Merkmal, das verschiedene Werte annehmen kann, z. B. die Körpergröße oder das Geschlecht. Die Variable, deren Veränderung infolge der unabhängigen Variablen gemessen wird, wird als abhängige Variable bezeichnet.

Die unabhängige Variable (UV) ist die vermutete Ursache bzw. Einflussgröße

Die abhängige Variable (AV) ist die Variable, deren Abhängigkeit von der UV untersucht wird

Beispiel für aus der Hypothese abgeleitet unabhängige, abhängige und Kontrollvariablen

Hypothese: Wenn an den Fingerspitzen zwei nah beieinander liegende Punkte als getrennt wahrgenommen werden, muss die Dichte der Druckpunkte dort hoch sein.

Unabhängige Variable (UV): Abstand der Zirkelspitzen – … ihr Einfluss wird untersucht

Abhängige Variable (AV): Druckreize auf der Haut – … wird gemessen

Kontrollvariablen: Druckintensität; Gegenstand, mit dem Druck ausgeübt wird (z. B. ein Zirkel); simultanes Aufsetzen beider Zirkelenden; Temperatur – … werden konstant gehalten

Lernende neigen dazu, die Ausprägung von Variablen ohne System zu verändern – die Variablen konfundieren, sodass keine eindeutigen Aussagen über Ursache-Wirkungs-Beziehungen möglich sind. Schwierigkeiten bereitet auch der Umgang mit Kontrollversuchen, obwohl diese zur Deutung des Ergebnisses notwendig sind. Hier wird in einem Parallelversuch der Faktor weggelassen, der als ursächlich angenommen wird.

Beispiel für die geplante Versuchsdurchführung

Materialliste:
- Zirkel (mit zwei gespitzten Minen)
- Lineal
- Augenbinde
- Tabelle zum Eintragen der Ergebnisse

Geplante Versuchsdurchführung:
1. Die Versuchsperson verbindet sich die Augen und krempelt ggf. die Hose hoch.
2. Ein(e) Mitschüler*in stellt den Abstand der Zirkelspitzen mithilfe des Lineals zunächst weit ein, z. B. 4 cm.
3. Die Zirkelspitzen werden im Anschluss gleichzeitig mit leichtem Druck auf die ausgewählte Hautstelle der Versuchsperson gedrückt. Vorsicht! Es sollen keine Verletzungen entstehen.
4. Der Abstand der Spitzen wird dann so lange verringert, bis die Versuchsperson nur noch eine Zirkelspitze wahrnimmt, obwohl beide Spitzen aufgedrückt sind.
5. Tragt in die Tabelle ein, bei welchem Abstand der Zirkelspitzen noch zwei Reize wahrgenommen werden (Zweipunktschwelle).
6. Wählt nun andere Hautstellen aus und wiederholt die Schritte 2–5.
7. Tauscht im Anschluss die Rollen und vergleicht eure Ergebnisse.

Kontrollversuch:
Setze hin und wieder nur eine Zirkelspitze auf, um die Zuverlässigkeit der Aussagen zu überprüfen.

Versuchsanordnung:

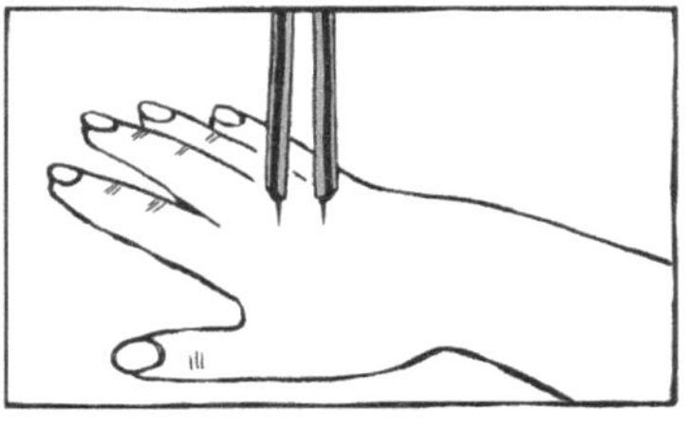

Cornelsen/Antje Kahl

Untersuchter Hautbereich	Abstand in mm
Handrücken	
Fingerbeere	
Unterarm	
Unterschenkel	
Rücken	

Auch wenn das Experiment den Anspruch hat, dass alle Kontrollvariablen konstant gehalten werden, gilt es, sich zu vergegenwärtigen, dass im Handlungsfeld Schule und Unterricht andere Voraussetzungen und Bedingungen herrschen als in einem Forschungslabor. Zum einen steht nur eine begrenzte Unterrichtsdauer und Auswahl an Materialien und Apparaturen zur Verfügung, zum anderen sind die Akteure keine spezialisierten Wissenschaftler, sondern Schüler*innen mit unterschiedlichsten Voraussetzungen, Fähigkeiten und Motivationen. Zudem steht beim forschenden Lernen nicht in erster Linie das Produkt, sondern das offene, prozessorientierte Vorgehen im Vordergrund, das den Lernenden Raum für individuelle Vorgehensweisen und Interessen bietet (vgl. MAYER/ZIEMEK 2006, 8).

*Schüler*innen sind keine Wissenschaftler*

In unserem Beispiel könnten die Schüler*innen auch weitere Hautbereiche untersuchen, z. B. die Zehen. Bereits im Vorfeld könnte auch über die Wahl der Zirkelspitzen diskutiert werden. Verwendet man zwei Nadeln, ermöglicht dies eine exakte Messung des Abstandes, könnte aber zu Schmerzempfindung führen. Ohne Zirkelspitzen besteht keine Gefahr für eine Verletzung, aber weder die Abmessung noch die Ausübung des Drucks auf die Haut kann präzise erfolgen. Eine weitere Option könnte die Wahl zweier Bleistiftminen sein.

Experimentieren im Biologieunterricht findet in der Regel im Team statt. Die Arbeit im Team hat einen positiven Einfluss auf die Entwicklung sozialer Kompetenz, da im Rahmen des Gruppenprozesses vielfältige Interaktionen in Form von Diskussionen und Reflexionen angeregt werden. Trotzdem sollte nicht unterschätzt werden, dass sich in Gruppenprozessen auch Prozessverluste aufgrund mangelhafter Koordination oder durch Motivationseinbußen ergeben können. Das passiert z. B. dann, wenn leistungsschwächere Mitglieder der Gruppe die Lernarbeit den leistungsstärkeren überlassen, die sich ihrerseits ausgebeutet fühlen können und in der Folge ihre Anstrengungsbereitschaft reduzieren (vgl. MAYER 2007, 180).

Die Zusammensetzung und Größe der Experimentiergruppe sollte gut überlegt sein

Checkliste: Planung des Experiments

- Wie sollen die Messwerte bzw. Daten gewonnen werden?
- Wie viele Messungen bzw. Versuchswiederholungen sollen durchgeführt werden?
- Welche Geräte und Materialien werden für die Durchführung benötigt?
- Sind die Lernenden vertraut mit der Handhabung der Werkzeuge und Materialien?
- In welcher Form werden die Messergebnisse protokolliert?
- Wie werden die Aufgaben unter den Gruppenmitgliedern verteilt?
- Wurde der Kontrollversuch besprochen?

Schritt 4: Durchführung des Experiments

An dieser Stelle erfolgt die Durchführung des eigentlichen Experiments gemäß dem geplanten Vorgehen. Dabei werden alle Daten in Form von Zahlen, Sätzen oder Bildern im Protokollbogen notiert und festgehalten. Auch der Versuchsablauf selbst wird dokumentiert, um den gedanklichen Nachvollzug des Experiments zu ermöglichen und um eventuelle kritische Punkte später diskutieren zu können. Da es sich im Biologieunterricht bei dem Versuchsgegenstand in der Regel um ein lebendes System handelt, kann es sich wegen der unterschiedlichen Reaktion der Lebewesen als notwendig erweisen, parallele Messungen mit verschiedenen Individuen durchzuführen. Zudem neigen Schüler*innen dazu, aus Einzelbefunden Schlussfolgerungen zu ziehen (vgl. Gropengiesser 2013, 284). An dieser Stelle kann es sich auch anbieten, mit den Lernenden über die ethischen Grenzen der naturwissenschaftlichen Methode nachzudenken, denn lebende Versuchsobjekte können nur eingeschränkt experimentell verändert werden (vgl. Mayer/Ziemek 2006, 5).

Biologische Experimente beschäftigen sich in der Regel mit lebenden Systemen

In unserem konkreten Beispiel wird in Partnerarbeit gearbeitet, sodass bei ausreichend eingeplanter Zeit die ganze Lerngruppe als Versuchspersonen zu Verfügung stehen. Die Ergebnisse der Messung, werden jeweils in die vorgesehene Tabelle eingetragen und können in der Auswertungsphase miteinander verglichen werden. Die Werte können auch unmittelbar in eine gemeinsame Online-Tabelle eingetragen werden und so steht das Ergebnis der gesamten Lerngruppe sofort zur Verfügung.

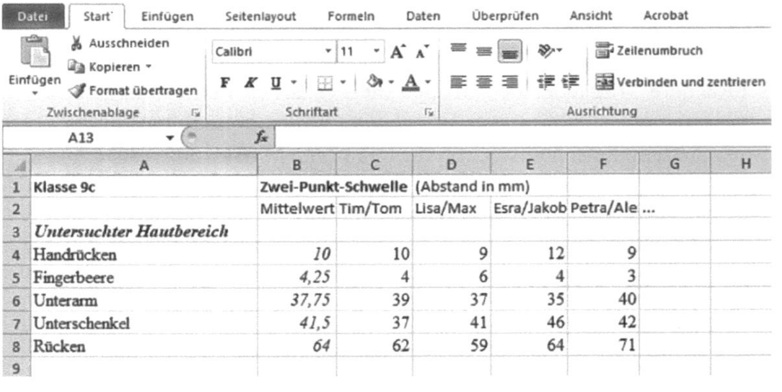

	A	B	C	D	E	F	G	H
1	**Klasse 9c**	**Zwei-Punkt-Schwelle**	(Abstand in mm)					
2		Mittelwert	Tim/Tom	Lisa/Max	Esra/Jakob	Petra/Ale	...	
3	***Untersuchter Hautbereich***							
4	Handrücken	*10*	10	9	12	9		
5	Fingerbeere	*4,25*	4	6	4	3		
6	Unterarm	*37,75*	39	37	35	40		
7	Unterschenkel	*41,5*	37	41	46	42		
8	Rücken	*64*	62	59	64	71		
9								

Cornelsen/Stefan Schaal

Abb. 20: Beispiel für ein mögliches Messergebnis

Die Lehrperson hat in der Phase der Durchführung vor allem die Aufgabe, die Lernenden aufmerksam zu beobachten und eventuell unterstützend einzugreifen. Der Grad der Hilfestellung hängt dabei von der Eigenständigkeit der Schüler*innen ab, sowohl, was die Kompetenz zur Selbststeuerung des Lernprozesses angeht als auch die Kompetenz zur Steuerung der Gruppenprozesse. Der systematische Umgang mit den Variablen bereitet den Lernenden häufig Schwierigkeiten, insbesondere dann, wenn sie nicht in den Planungsprozess eingebunden waren, wie dies beim Abarbeiten von Experimentieranleitungen im Biologieunterricht zuweilen der Fall ist. Schülergruppen neigen dann dazu, ihre Ergebnisse zu „glätten" oder an die Ergebnisse anderer Gruppen anzupassen (vgl. MAYER/ZIEMEK 2006, 10).

Checkliste: Durchführung des Experiments

- Welche Strukturierungshilfen können gegeben werden, um die Schüler bei der Durchführung zu unterstützen (z. B. Hilfskarten …)?
- Auf welche Weise erfolgt das Protokollieren der Messergebnisse?
- Beim Umgang mit lebenden Organismen mehrere Parallelmessungen durchführen!
- Ist ausreichend Zeit (für eventuelle Umwege oder ein individuelles Vorgehen) eingeplant?

Schritt 5: Auswertung, Analyse und Deutung der Daten

Als letzter Schritt der experimentellen Methode erfolgt die Aufbereitung und Auswertung der gewonnenen Daten. Dies geschieht z. B. mithilfe von Berechnungen und Tabellen oder grafischen Darstellungen. Ziel ist es, die Ergebnisse anschaulich darzustellen und sie hinsichtlich der eingangs aufgestellten Hypothese zu bewerten, die dabei falsifiziert oder verifiziert wird. In unserem konkreten Beispiel erfolgt die Auswertung der Daten über einen Vergleich der im Rahmen der Messreihe gewonnenen Ergebnisse (siehe Abbildung „Online-Tabelle").

Anhand der Tabellen können sowohl Unterschiede als auch Gemeinsamkeiten beschrieben und herausgearbeitet werden. Dabei muss darauf geachtet werden, die Ergebnisse von der Deutung zu trennen.

Die Deutung ist streng von den Ergebnissen zu trennen

Ergebnis	Deutung
• Die Werte zwischen den Personen können deutlich schwanken.	→ individuelle Ausprägung des Merkmals → Messfehler
• Die Werte der ausgewählten Hautpartien unterscheiden sich deutlich voneinander.	→ Die Druckpunkte sind nicht gleichmäßig in der Haut verteilt.
• An der Fingerbeere ist die Zweipunktschwelle kleiner als an anderen Körperstellen.	→ In der Fingerbeere befinden sich mehr Druckpunkte als an anderen Körperstellen.

Tab. 8: Beispiele möglicher Ergebnisse mit jeweiliger Deutung

Für die Phase der Diskussion der Untersuchungsmethodik sollte ausreichend Zeit eingeplant werden.

Die Deutung hat immer vorläufigen Charakter, da sie auf der zugrundeliegenden Theorie und dem jeweiligen Stand der Wissenschaft basiert. Die Deutung umfasst neben der Interpretation der Ergebnisse auch die Diskussion der Genauigkeit der Messergebnisse und die Vertrauenswürdigkeit der Daten. Untersuchungen zeigen, dass Lernende bei der Analyse von Daten nicht immer logisch vorgehen. Bedeutsam ist die Neigung von Schüler*innen (aber auch von Erwachsenen), Daten zu ignorieren, die nicht den eigenen Vermutungen oder Erwartungen entsprechen (vgl. CHINN/BREWER 1986). Als problematisch erweisen sich auch kleine Messwertunterschiede, die z. B. aufgrund von Messfehlern auftreten können und die Interpretation erschweren. Deshalb ist es auch bei diesem Schritt notwendig, die Lernenden zu unterstützen bzw. anzuleiten (ausführliche Erläuterung der Kompetenzniveaus in HAMMANN 2004, 202).

In unserem Beispiel könnte darüber diskutiert werden, ob in diesem Versuch tatsächlich nur die Rezeptoren angesprochen werden, die für die Wahrnehmung von Druck verantwortlich sind (und nicht z. B. Schmerzrezeptoren) und ob die Intensität des Drucks bei jeder Messung konstant gehalten werden kann. Messfehler können ebenfalls entstehen, wenn die Zirkelspitzen nacheinander aufgesetzt werden, da die sukzessive Raumschwelle deutlich kleiner ist als die simultane (vgl. BIRBAUMER 2003, 330). Zudem sind manche der gewählten Hautareale sehr großflächig (z. B. der Rücken), so dass eventuelle Unterschiede in der Verteilung der Druckpunkte unberücksichtigt bleiben.

Die Diskussion der Untersuchungsmethodik ist eine wertvolle Lerngelegenheit

Durch die Diskussion erkennen die Schüler*innen die Notwendigkeit, standardisierter Messverfahren und Instrumente, um die Objektivität und die Reliabilität in einer Untersuchung zu gewährleisten. Erste Erfahrungen mit wissenschaftlichen Gütekriterien können so exemplarisch erworben werden. Gemeinsam mit den Schüler*innen könnte eine Vorrichtung entwickelt werden, die im Gegensatz zum Versuchsleiter, konstant den gleichen Druck auf ein Hautareal ausüben kann.

Im Rahmen der Deutung können zur Interpretation der Ergebnisse auch weitere bzw. ähnliche Forschungsbefunde herangezogen werden. So könnte man beispielsweise die Ergebnisse der Lerngruppe mit Darstellungen in der Fachliteratur vergleichen. Dazu bietet es sich an, die Mittelwerte der Daten der jeweiligen Hautpartien zu berechnen.

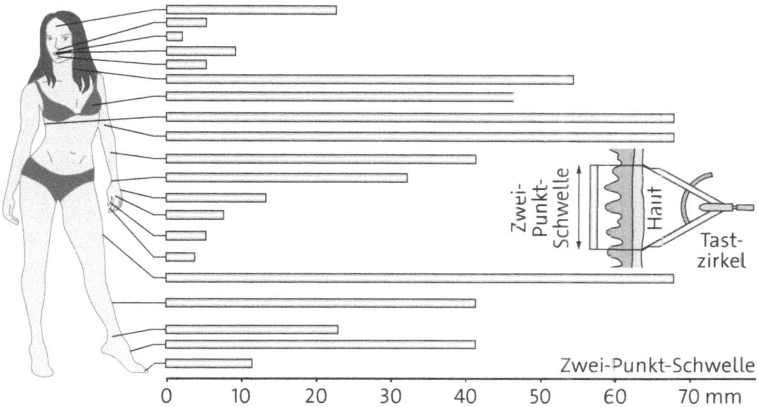

Abb. 21: Simultane Raumschwellen des Erwachsenen

Zum Abschluss sollte der Ausgangspunkt der Untersuchung, die eingangs gestellte Fragestellung, nochmals aufgegriffen werden.

Beispielhafte Fragestellung mit entsprechender Antwort
Ausgewählte Fragestellung: Wie kommt es, dass die eng beieinander liegenden Punkte der Blindenschrift beim Darüberstreichen einzeln wahrgenommen werden können?
Mögliche Antwort: In der Haut sind die Druckpunkte nicht gleichmäßig verteilt. Besonders hoch ist die Dichte an den Fingerspitzen. Deshalb ist das räumliche Auflösungsvermögen dort besonders gut und zwei eng beieinanderliegende Erhebungen können als getrennte Reize wahrgenommen werden.

Auf der Basis der gewonnenen Erkenntnisse kann diese Frage beantwortet werden, und Chancen und Grenzen des Erklärungswerts der naturwissenschaftlichen Erkenntnismethode können kritisch diskutiert werden. Darüber hinaus lassen sich Fragen zu technischen Anwendungs- und Nutzungsmöglichkeiten anschließen. Bezogen auf unser Beispiel könnte die Beteiligung der jeweiligen Mechanorezeptoren beim Lesen der Braille-Schrift betrachtet werden. Auch weitere Anwendungsbereiche von Blindenschrift im Alltag könnten gesucht und diskutiert werden (z. B. Geldmünzen, Medikamentenpackungen) und die Schüler*innen für die Herausforderungen von sehbehinderten Menschen sensibilisiert werden.

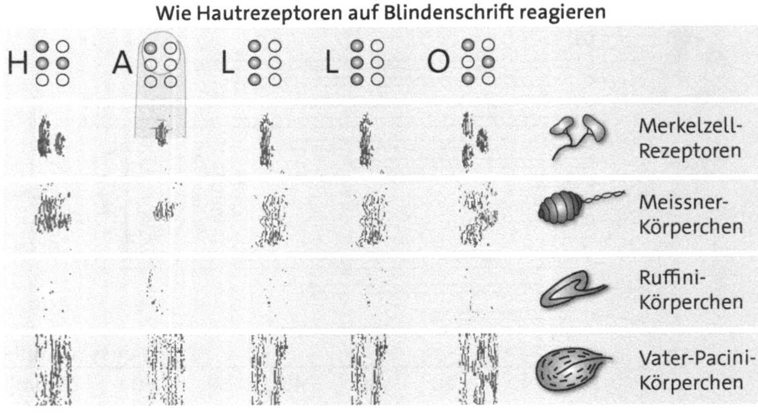

Abb. 22: Wie die Hautrezeptoren auf Blindenschrift reagieren

Die im Rahmen der Problemstellung aufgeworfene Frage, ob blinde Menschen über eine größere Sensibilität in den Fingerspitzen verfügen, kann ebenfalls durch Schlussfolgern beantwortet werden. Hierfür eignet sich eine zeichnerische Darstellung, in der Informationen zusammengeführt werden. Für diese Fragestellung ist dies besonders gelungen in der Abbildung 22 oben: Die hier dargestellten Erregungsmuster der verschiedenen Mechanorezeptoren-Typen erlauben eine vergleichende Analyse und zeigen, wie die verschiedenen Hautrezeptoren auf Blindenschrift reagieren. Da die Verteilung und die Häufigkeit der Druckpunkte bei den Individuen ähnlich sind, kann sich die simultane Raumschwelle eines Hautareals nur durch Übung verkleinern lassen. Das Auflösungsvermögen der Mechanorezeptoren kann durch Training verbessert werden, innerhalb einiger Stunden können die Schwellen halbiert werden (vgl. Birbaumer/Schmidt 2003, 333). Dieser Effekt ist allerdings nicht von Dauer.

Checkliste: Auswertung, Analyse und Deutung der Daten

- Wie sollen die protokollierten Messergebnisse aufbereitet, ausgewertet und interpretiert werden?
- Diskussion der Genauigkeit der Messergebnisse und Vertrauenswürdigkeit der Daten nicht vergessen!
- Sollen zur Interpretation der Ergebnisse weitere Forschungsbefunde herangezogen werden?
- Beantwortung der Fragestellung und Rückbezug zur Problemstellung nicht vergessen!

Schlussbetrachtung
Die Vermittlung und Anwendung fachgemäßer Arbeitsweisen und -techniken ist eine zentrale Aufgabe des Biologieunterrichts. Das Experiment und andere Erkenntnismethoden dienen dabei der Aneignung sowohl von inhaltlichem als auch naturwissenschaftsmethodischem Wissen. Der flexible Bezug der Lern- und Untersuchungsinhalte zu alltagsnahen Kontexten wirkt sich dabei ebenso positiv auf die Motivation der Lernenden aus wie eine offene Lernumgebung, die Möglichkeiten zur Mitbestimmung bietet.

4.5 Mit Modellen arbeiten

Anke Meisert

Modelle stellen ein prägendes Element des Biologieunterrichts dar und kommen hierbei auf unterschiedlichste Weise zum Einsatz (Weitzel 2014). Allein im Kontext „Sehen" begegnen sie uns in Form der originalgetreuen Nachahmung des Augapfels, als optische Bank oder als Strahlengang eines Linsenauges. Doch was sind eigentlich Modelle? Um diese Frage zu klären, werden im Folgenden zunächst die Grundzüge von Modellen und Modellarbeit diskutiert. Daran schließen sich Überlegungen zu den verschiedenen Funktionen von Modellen im Unterricht an. Abschließend werden zu unterschiedlichen Kompetenzdimensionen, die mit Modellen gefördert werden können, konkrete Unterrichtsvorschläge dargestellt.

Modelle erkennen

Modelle sind Repräsentationen

Allen Modellen ist gemeinsam, dass sie nicht für sich allein stehen, sondern sich auf etwas anderes beziehen, dem sie mehr oder weniger ähnlich sind: Sie sind Repräsentationen von etwas! So repräsentiert ein Strahlengang den gesetzmäßigen Verlauf ausgewählter Lichtstrahlen von einer Lichtquelle durch eine Linse bis zu einem Bildschirm. Andere Modelle wie das eines Augapfels zeigen hingegen detailgenau die Strukturen eines Auges. Somit können Modelle nicht anhand konkreter Merkmale wie Dimensionalität, Materialität o. Ä. identifiziert werden; das Charakteristische liegt vielmehr darin, dass sie ein Original repräsentieren und dadurch als Modell fungieren. Zu einem Modell wird ein Gegenstand, eine Skizze oder eine Idee erst dann, wenn sie als Modell genutzt wird. Dies zeigt sich besonders deutlich am Beispiel einer optischen Bank: Physiker benutzen eine optische Bank, um durch gezielte Manipulation der Lichtstrahlen die entsprechenden Effekte zu messen. Die optische Bank stellt für sie einen typischen Versuchsaufbau dar. Im Kontext „Auge" nutzen Biologen die optische Bank hingegen dazu, die Wechselwirkungen zwischen Lichtstrahlen und den Strukturen des menschlichen Auges zu simulieren; hierdurch wird die optische Bank zum Modell. Eine entsprechende Definition des Modellbegriffs liefert STACHOWIAK:

> *„X ist ein Modell des Originals Y für den Verwender v in der Zeitspanne t bezüglich der Intention Z" (STACHOWIAK 1980, 29).*

Modelle sind dem, was sie repräsentieren, ähnlich

Modelle werden häufig vor allem als Medien betrachtet, welche die biologischen Sachverhalte zugänglich in den Unterricht „holen". Dieses Verständnis trifft vor allem für Modelle wie den menschlichen Torso, das Skelett oder ein Zellmodell zu, die einen hohen Nachahmungsgrad zum Original erreichen. Ziel dieser „Nachahmungsmodelle" ist es, das Original möglichst genau zu „kopieren", um realistische Vorstellungen vom Original zu vermitteln. Sie bieten die Möglichkeit, nicht oder nur schwer verfügbare Originale im Unterricht weitgehend originalgetreu zu präsentieren. Damit unterstützen sie die Vorstellungsbildung zu Größenverhältnissen, räumlichen Beziehungen u. Ä.

Aus der Perspektive naturwissenschaftlicher Erkenntnisgewinnung kommt Modellen jedoch noch eine viel weiter reichende Bedeutung zu: Sie bilden den Kern wissenschaftlicher Theorieentwicklung, indem durch Modellbildung ein Verständnis der Realität konstruiert wird (DEVELAKI 2007, MEISERT 2008). Hierzu können die als relevant eingestuften Teilaspekte der Realität, „neu" konstruiert und in einen Zusammenhang gestellt werden, der die angenommenen Beziehungen zwischen diesen Teilen repräsentiert.

Modelle können in Nachahmungs- und Erkenntnismodelle eingeteilt werden

Modelle können danach eingeteilt werden, wozu sie genutzt werden oder was sie repräsentieren

Konstruieren wir z. B. einen schwarzen Pappkarton, der ein kleines Loch und gegenüber ein Pergamentpapier aufweist, haben wir den Zusammenhang zwischen Pupillenöffnung, Augenkammer und Netzhaut rekonstruiert. Damit lässt sich überprüfen, ob eine Bildentstehung auf der Netzhaut allein mithilfe dieser Strukturen möglich ist. Ziel dieses Modellierungsprozesses ist es somit nicht, das Auge möglichst detailgenau nachzuahmen, sondern jene Strukturen zu rekonstruieren, von deren Zusammenwirken wir einen bestimmten Effekt erwarten. Modelle, die als Instrumente der Erkenntnisgewinnung genutzt werden (im Folgenden als Erkenntnismodelle bezeichnet), repräsentieren somit Vorstellungen von der Realität. Sie werden genutzt, um diese Ideen zu überprüfen, und werden daher auch als „Ideentester" bezeichnet. Diese Erkenntnismodelle können sehr unterschiedlichen Charakter haben. Gegenständliche Modelle wie die einfache „Lochkamera", mit denen sogenannte Modellversuche durchgeführt werden können, zeigen den Charakter als Ideentester sehr offensichtlich.

Eine häufig genutzte Unterscheidung von Modellen in „Struktur-“ und „Funktionsmodelle“ (MEYER 1990) bezieht sich hingegen auf die Art des Ausschnittes der Realität, der durch die Modelle repräsentiert wird. Demnach ist das originalgetreue Modell des Augapfels ein Struktur- und die Lochkamera ein Funktionsmodell. Diese Unterscheidung ist nicht gleichzusetzen mit der Einteilung in Nachahmungs- und Erkenntnismodelle (vgl. Tabelle unten), da auch Strukturmodelle als Erkenntnismodelle fungieren können (z. B. Zell-Modell).

Was? / Wozu?	Funktionsmodell	Strukturmodell
Erkenntnis-modell	optische Bank als Simulation der Bildentstehung im Auge	Phospholipid-Bausteine, die gemäß molekularen Wechselwirkungen zu einer Membran angeordnet werden
Nachahmungs-modell	Film-Animation zur Akkomodation	Modell des Augapfels

Tab. 9: Unterscheidung von Modellen nach der Art dessen, was sie repräsentieren (Struktur- oder Funktionsmodelle), und nach der Art, wozu sie genutzt werden (Nachahmungs- oder Erkenntnismodell) mit entsprechenden Beispielen

Funktionen von Modellen im Unterricht

Der beschriebene Charakter von Modellen als nachahmendem Medium einerseits oder als ideengeleiteter Repräsentation der Realität mit Testfunktion andererseits bedingt, dass mit dem Einsatz von Modellen sehr unterschiedliche Zielebenen verfolgt werden können. Dies lässt sich einfach anhand zweier Modelle verdeutlichen (s. Abb. 23): Modell A zeigt dreidimensional den Aufbau des Auges; Größenverhältnisse und Farbgebung sind originalgetreu. Ziel des Modelleinsatzes ist die Förderung originalnaher Vorstellungen zur räumlichen Struktur des Auges. Modell B zeigt hingegen einen sogenannten Strahlengang, der zweidimensional die geometrischen Beziehungen exemplarischer Lichtstrahlenverläufe am Auge aufzeigt. Alle berücksichtigten Strukturen (Blende, Netzhaut usw.) werden hierbei durch vereinfachende Umrisse wiedergegeben. Mögliches Ziel des Modelleinsatzes ist nicht die Förderung realitätsnaher Vorstellungen, sondern die Verdeutlichung der gesetzmäßigen Beziehungen zwischen den Bestandteilen des Auges. Hieraus lässt sich ableiten, dass Nachahmungsmodelle unmittelbar auf phänomenbezogene Kenntnisse zielen, während Erkenntnismodelle auf Theorien bzw. Elemente von Theorien über bestimmte Phänomene ausgerichtet sind. Um diese beiden möglichen Zielebenen des Unterrichts zu verdeutlichen, werden im Folgenden für beide Modelltypen und Zielebenen Überlegungen zur unterrichtlichen Umsetzung vorgestellt.

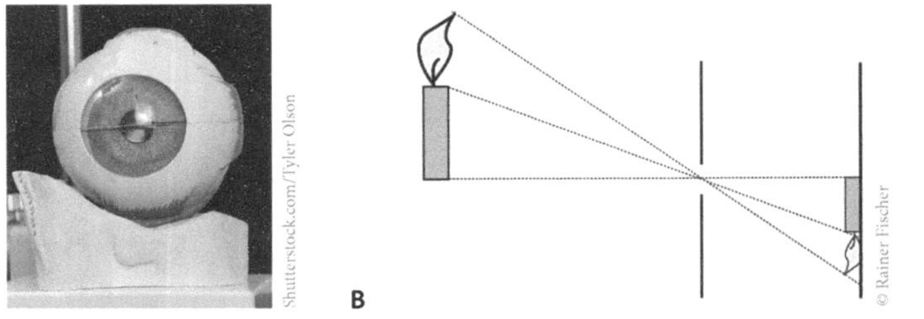

Abb. 23: Nachahmungs- und Erkenntnismodell: Augenmodell (A) und Modell des Strahlengangs an einer Blende oder an der Pupille (B)

Nachahmungsmodelle und ihr Einsatz im Unterricht

Nachahmungsmodelle erlauben es, die begrenzten Möglichkeiten des Einsatzes von Originalen zu kompensieren. Die Begrenzungen können hierbei dadurch begründet sein, dass die Originale überhaupt nicht verfügbar (z. B. Torso), zu klein und daher gar nicht oder nur schwer erkennbar (z. B. blinder Fleck) oder nur mit vergleichsweise hohem Aufwand zu beschaffen sind (z. B. Auge). Beim Einsatz von Nachahmungsmodellen und Originalen stellt sich jedoch nicht die Frage des „Entweder-oder", sondern es handelt sich vielmehr um ein „Sowohl-als-auch", da gerade die Kombination von Originalbegegnung und Modellbetrachtung umfassende Zugänge zum Lerngegenstand eröffnet. Doch wie kann diese Kombination aus Original- und Modellbetrachtung im Unterricht sinnvoll umgesetzt werden?

Originale und Modelle können sich im Unterricht ergänzen

Unterrichtliche Verknüpfung von Original und Nachahmungsmodell: Wenn der Grundaufbau des Auges erarbeitet wird, ist es lohnenswert und daher auch im Aufwand angemessen, Originalaugen (vom Schwein) zu beschaffen, um die Lernenden den Grundaufbau aus Glaskörper, Linse, Pupille und Netzhaut erarbeiten zu lassen (siehe auch Kap. 2). Dennoch ist es schwer, die vielen Einzelaspekte des Aufbaus im Klassenverband zu besprechen, um die Kenntnisse zu sichern, da die Augen hierzu zu klein sind. Daher ist es für eine gemeinsame Sicherung der untersuchten Strukturen sinnvoll, ein auf die charakteristischen Merkmale reduziertes und vergrößertes Augenmodell zu nutzen. An diesem können die Lernenden die zuvor identifizierten Strukturen nochmals zuordnen, vergleichen und beispielsweise gemeinsam dokumentieren (siehe Kap. 4.6). Diese Abfolge aus Originaluntersuchung und Sicherung an einem Nachahmungsmodell hat den Vorteil, dass zunächst durch das Originalobjekt realistische Vorstellungen zur Größe und Festigkeit des Auges entwickelt werden können. Erst in einem zweiten Schritt verdeutlicht dann das in Größe und Material abweichende Modell alle wesentlichen Strukturen nochmals zugänglicher. Um dies zu ermöglichen, müssen Modelle gezielt ausgewählt werden.

Kriterien bei der Auswahl von Modellen: Die Kriterien, nach denen geeignete Modelle ausgewählt werden können, fordern sehr unterschiedliche Qualitäten: möglichst weitreichende Originalnähe bei gleichzeitiger Eignung für die unterrichtliche Umsetzung (hier: Erkennbarkeit aller relevanten Strukturen während einer Plenumsphase). Die Auswahl geeigneter Modelle stellt somit auch immer wieder einen Kompromiss zwischen der fachlich-didaktischen Adäquatheit und der methodischen Umsetzbarkeit dar. Wird z. B. eine Arbeit mit dem Modell in Einzel- oder Partnerarbeit angestrebt, muss oftmals auf zweidimensionale Modelle in Form von Abbildungen auf Arbeitsblättern zurückgegriffen werden, selbst wenn der Gegenstand adäquater über dreidimensionale Modelle repräsentiert werden könnte.

Die Auswahl von Modellen orientiert sich an sehr unterschiedlichen Kriterien

Zentrale Kriterien zur Auswahl von Nachahmungsmodellen sind daher:

- Zugänglichkeit der relevanten Merkmale durch Größe, Farbgebung und geeignete Dimensionalität,
- fachliche Adäquatheit der Nachahmung und
- mediale Eignung für die vorgesehene Arbeits- und Sozialform (siehe auch 4.6).

Erkenntnismodelle und ihr Einsatz im Unterricht

Mit Erkenntnismodellen lassen sich im Unterricht sehr unterschiedliche Zielebenen verfolgen. Diese Zielebenen lassen sich in drei Kompetenzdimensionen (Meisert 2008) differenzieren (siehe Abb. unten): Modellwissen, Modellarbeit und Modellverständnis.

Modellwissen, Modellarbeit und Modellverständnis stellen unterschiedliche Kompetenzdimesionen dar

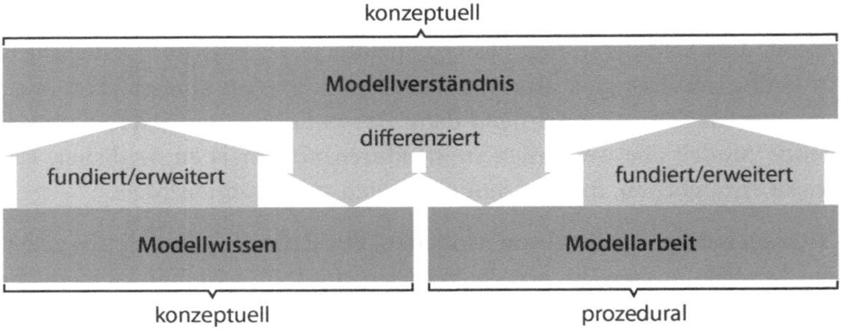

Abb. 24: Kompetenzmodell mit den Kompetenzdimensionen Modellwissen, Modellarbeit und Modellverständnis, die sich gegenseitig beeinflussen (verändert nach MEISERT *2008)*

Modellwissen umfasst die Kenntnis von Modellen, also z. B. das Wissen um die Struktur von Strahlengängen mit den gesetzmäßigen Beziehungen zwischen Blende, Linsen und Lichtstrahlen sowie ihre Bedeutung für die Bildentstehung. Modellwissen lässt sich entsprechend dem Kompetenzbereich Fachwissen zuordnen. Ein Kompetenzzuwachs entsteht dadurch, dass sich durch das Wissen um viele unterschiedliche Modelle auch das Wissen um Modellierungsarten erhöht, sodass neue Modelle zunehmend besser erschlossen werden können.

Die Kompetenzdimension *Modellarbeit* zielt hingegen auf die prozessbezogene Fähigkeit, Modelle in Erkenntnisgewinnungsprozessen nutzen zu können. Diese kann darin bestehen, bewährte Modelle zu nutzen oder Modelle selbst zu entwickeln bzw. weiterzuentwickeln. Modelle können z. B. dazu genutzt werden, Vorhersagen zu generieren.

Neben diesen konkreten Kompetenzen verweisen insbesondere höhere Stufen von Scientific literacy auf die Fähigkeit, das Wesen der Naturwissenschaften zu verstehen. Im Kontext von Modellen und Modellarbeit bedeutet dies, dass Lernende auch ein Verständnis davon entwickeln sollen, welche Bedeutung Modelle in den Naturwissenschaften einnehmen, d. h. wie und wozu sie genutzt werden. Zu den Kompetenzdimensionen Modellwissen und Modellarbeit tritt somit noch die übergeordnete Zielebene des *Modellverständnisses* hinzu. Je nachdem, welche Kompetenzdimension bei der unterrichtlichen Einbindung von Erkenntnismodellen im Vordergrund steht, ergeben sich sehr unterschiedliche Planungsschwerpunkte, die im Folgenden dargestellt werden.

Beispiele zum kompetenzorientierten Umgang mit Modellen

Anhand eines Modells werden die drei Kompetenzdimensionen Modellwissen, Modellarbeit und Modellverständnis schrittweise exemplarisch konkretisiert. Hierzu eignet sich besonders das Modell der optischen Bank[1], da es mittels einer Schiene das Einsetzen und Verschieben optischer Elemente wie Lichtquelle, Blende, Linsen und Bildschirm ermöglicht und somit vielfältige Einsatzmöglichkeiten im Unterricht bietet (vgl. Abb. 9). Durch das einfache Variieren relevanter Parameter wie der Abstände zwischen Lichtquelle, Linse und Bildschirm oder der Linsenart können Zusammenhänge zwischen den Eigenschaften der optischen Elemente und der Bildentstehung experimentell ermittelt werden. Die Tatsache, dass Nah- und Fernakkommodation über die Verformung der Linse möglich ist, kann hiermit als Modellversuch aufgezeigt werden.

Modellwissen im Kontext Akkommodation

Die Kompetenzdimension Modellwissen im Kontext Nah- und Fernakkommodation zielt darauf, dass die Lernenden das Modell optische Bank kennenlernen, um sich die Zusammenhänge zwischen Gegenstandsweite, Brennweite der Linse und Bildpunkt zu erschließen. Dieses Modellwissen ermöglicht eine Rückübertragung auf die komplexen biologischen Strukturen und ein entsprechendes Verständnis ihrer Bedeutung. Um diese Ziele zu erreichen, kann den Lernenden in Form eines Demonstrationsversuches die optische Bank in zwei Varianten (Nahakkommodation: geringe Brennweite; Fernakkommodation: große Brennweite) präsentiert werden, um dann die entsprechenden Beobachtungen zu erklären (siehe Abb. 25).

Die Kompetenzdimension „Modellwissen“ zielt auf das Kennen von Modellen

Um über die jeweilige Passung zwischen Linsenbrennweite und Gegenstandsweite auch die Abhängigkeit des jeweiligen Bildpunktes nachvollziehen zu können, muss zusätzlich zu den passenden Kombinationen aus Gegenstandsweite, Linsenbrennweite und Bildweite auch jeweils eine Kombination gezeigt werden, bei der kein scharfes Bild entsteht. Um insgesamt das Verständnis der Übertragung auf die biologischen Strukturen zu sichern, sollten Modell- und Originalelemente zudem analogisiert werden (siehe Tab. 10).

1 Ein weiteres ausführliches Unterrichtsbeispiel zur Kompetenzdimension Modellarbeit im Kontext Gelenktypen bietet MEISERT (in Druck).

Arbeitsmaterial (Modellwissen durch Beobachten und Schlussfolgern)

- *Aufgabe 1:* Notiere zu den vier gezeigten Varianten des Modellversuchs (A–D) deine Beobachtungen zur Bildentstehung!
- *Aufgabe 2:* Stelle einen Zusammenhang zwischen der Gegenstandsweite, der Linsenform und der Bildschärfe her!

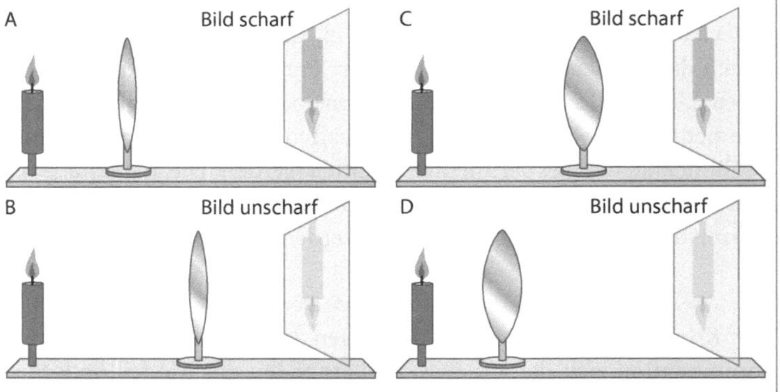

Abb. 25: Modellwissen durch Beobachten und Schlussfolgern

Arbeitsmaterial
(Modellwissen durch Analogisieren der Modellelemente)

- *Aufgabe:* Ordne den Teilen des Modells „optische Bank" die realen Strukturen deines Auges zu, die durch die Teile des Modells dargestellt werden!

Modell „optische Bank"	Original „Auge"
Glaslinse	*Linse*
Lichtquelle	*belichteter Gegenstand*
Bildschirm	*Netzhaut*
Schiene	*Augapfel mit verschiedenen Festigungsstrukturen*

Tab. 10: Modellwissen durch Analogisieren der Modellelemente

Modellarbeit im Kontext Akkommodation

Die Einbindung der optischen Bank in einen Unterricht, der schwerpunktmäßig auf den Umgang mit Modellen als Mittel der Erkenntnisgewinnung zielt, kann im Kontext Akkommodation die Möglichkeit nutzen, dass Lernende die optische Bank selbstständig variieren können, um selbst ein mögliches Modell der Nah- und Fernakkommodation (Variation der Linsenbrennweite) zu entwickeln. Um diese Art des Lernwegs besser verstehen zu können, ist es sinnvoll, genauer zu betrachten, welche Rolle Modellen in Erkenntnisgewinnungsprozessen zukommt.

Die Kompetenzdimension „Modellarbeit" zielt auf die Fähigkeit, Modelle nutzen zu können

Modelle in Erkenntnisgewinnungsprozessen: Naturwissenschaftliche Theorien bestehen im Kern aus Modellen, sodass naturwissenschaftliche Erkenntnisgewinnung durch das Entwickeln und Überprüfen hypothetischer Modelle charakterisiert werden kann (GILBERT 1991). Dieses Entwickeln und Überprüfen stellt zwei sehr unterschiedliche Teilschritte dar (Abb. 26):

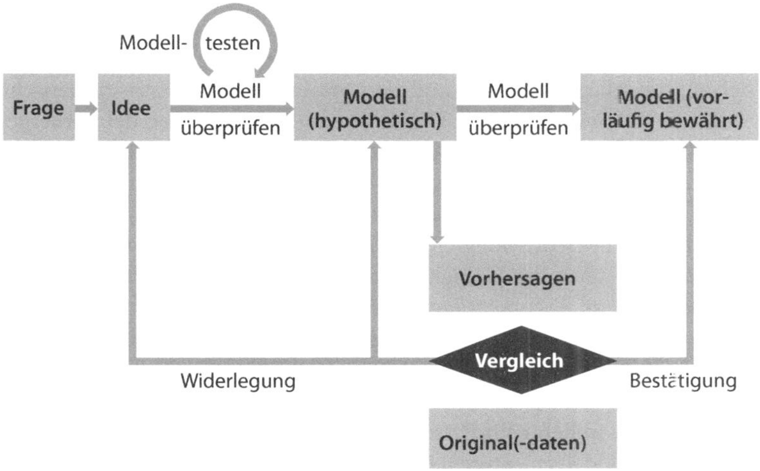

Abb. 26: Modelle in Erkenntnisgewinnungsprozessen (verändert nach MEISERT 2009)

Das Entwickeln eines Modells beginnt mit einer Idee (hier: Variieren der Linsenbrennweite), die eine Lösung für die Fragestellung bietet. Diese Idee wird durch das Konstruieren des Modells konkretisiert; diese Konkretisierung ermöglicht es, die innere Stimmigkeit des Modells zu testen (hier: Veränderte Linsenbrennweiten erzeugen bei variierender Gegenstandsweite jeweils ein scharfes Bild). Ist die innere Stimmigkeit des Modells gegeben, so ist mit diesem „Ideentest“ jedoch noch nicht belegt, dass das biologische System Auge auch tatsächlich so funktioniert. In einem weiteren Schritt muss entsprechend überprüft werden, ob das in sich stimmige Modell auch tatsächlich der realen Funktionsweise entspricht. Hierzu können aus dem Modell Vorhersagen abgeleitet werden (hier: Veränderungen der Linsenwölbung bei Nah- und Fernakkommodation) und mit Beobachtungen des biologischen Systems verglichen werden. Stimmen die Vorhersagen mit den beobachteten Daten überein, gilt das Modell als vorläufig bestätigt; stimmen sie nicht überein, bedarf es einer Revision des Modells bzw. der Entwicklung einer neuen Idee.

Modelle als Mittel und Ziel der Erkenntnisgewinnung im Unterricht: Erkenntnisgewinnung durch Modellentwicklung und -überprüfung entfaltet als Lehr-Lern-Konzept ein hohes Potenzial. Die Entwicklung eines Modells bietet für Lernende in der Regel eine höhere Motivation und Zugänglichkeit als das Generieren sprachbasierter Hypothesen; die Möglichkeiten des Modelltestens erlauben zudem eine vertiefte Auseinandersetzung mit der zugrundeliegenden Idee und darüber hieraus explorativ-spielerische Momente der Ausprobierens. Durch die enge Verknüpfung der vorhergesagten mit den beobachteten Daten ist der Schritt der Modellüberprüfung für Lernende gut nachvollziehbar. Insbesondere Diskussionen um die Gültigkeit konkurrierender Alternativmodelle können die Bedeutung empirischer Daten zur Beurteilung eines Modells verdeutlichen. Im Zuge dieser Diskussionen über die Gültigkeit von Modellen können zudem gezielt Kompetenzen im Argumentieren gefördert werden (vgl. BÖTTCHER/MEISERT 2011). Die eigenständige Entwicklung von Modellen birgt somit ein hohes Potenzial für Lernprozesse, stellt aber zugleich auch eine Gefahr der Überforderung dar. Würden Lernende zu der Frage, wie Akkommodation funktioniert, ohne weiteres Vorwissen den schlichten Auftrag bekommen, ein erklärendes Modell zu entwickeln, könnten sicher viele diese Aufgabe nicht lösen. Ist ihnen jedoch die optische Bank als Modell der Bildentstehung bekannt, können sie dieses nutzen, um das Modell weiterzuentwickeln.

Der Schwierigkeitsgrad von Modellarbeit kann leicht variiert werden

Modelle entwickeln lassen oder Modelle vorgeben: Die Entscheidung, wie viel Eigenkonstruktion Lernenden einerseits möglich ist und wie viel Hilfestellungen und Anregungen andererseits nötig erscheinen, ist genau auf den Kenntnisstand der Lerngruppe abzustimmen. Dabei kann den Lernenden im Extremfall entweder ein vollständiges Modell vorgegeben werden oder sie können völlig frei ein Modell entwickeln.

Zwischen diesen Extremformen bietet sich ein weites Spektrum von Zwischenformen, das an die Lernenden angepasst werden kann.

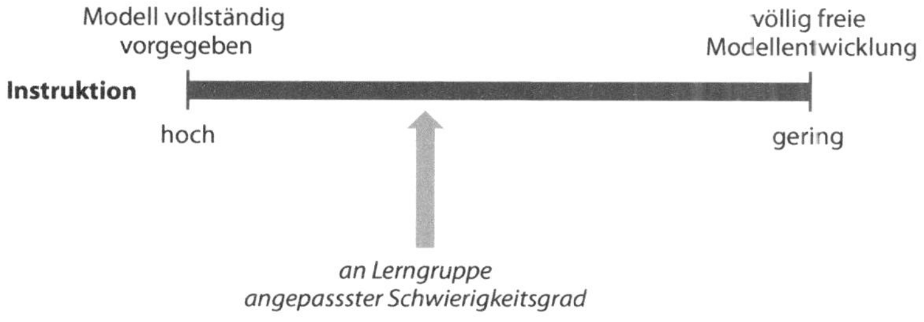

Abb. 27: Schwierigkeitsgrad der Modellarbeit als Spektrum zwischen hoher und geringer Instruktion

Zwei bewährte Strategien mit einem mittleren Instruktionsgrad stellen die Modellweiterentwicklung und der Einsatz alternativer Modelle dar:

1. Eine *Modellweiterentwicklung* erfolgt dadurch, dass ein Modell vorgegeben wird (oder, wie im oben beschriebenen Beispiel dargelegt, bereits aus dem Vorunterricht bekannt ist), welches ein im Unterricht neu ermitteltes Phänomen nicht vollständig erklären kann. Dies führt zu einer Weiterentwicklung des Modells (hier: Variation der Linse), bis dessen Erklärungskraft auch das neue Phänomen zu erschließen vermag.
2. Ein anderes Aufgabenformat mit mittlerem Instruktionsgrad ist der Einsatz von *multiplen Modellen,* d. h. von Modellen, die das zu klärende Problem auf unterschiedliche Weise lösen. So kann das Phänomen der Nah- und Fernakkommodation auf der Ebene des Modells sowohl durch eine Formveränderung der Linse als auch durch deren Verschiebung gelöst werden.

   Beide Varianten stellen an sich plausible Lösungsansätze dar, die somit vorgegeben werden. Die Aufgabe der Lernenden besteht dann entsprechend darin, die Gültigkeit der Modelle zu überprüfen, indem sie Strukturdaten zur Position und Gestalt der menschlichen Linse bei Nah- und Fernakkommodation analysieren. Die eigenständige Erkenntnisleistung beim Einsatz multipler Modelle besteht somit nicht in der eigenen Modellentwicklung, sondern in der eigenständigen Gültigkeitsüberprüfung (vgl. Abb. 26).

Modellverständnis im Kontext Akkommodation

Lernende verstehen unter Modellen vielfach Nachahmungsmodelle im oben beschriebenen Sinne (vgl. GROSSLIGHT ET AL. 1991); dieses Verständnis ist dadurch gekennzeichnet, dass sie Modelle überwiegend als 1:1-Kopien der Realität einordnen (MEISERT 2009). Eine Förderung der Kompetenzdimension Modellverständnis sollte daher darauf zielen, das Wesen von Erkenntnismodellen explizit zu erschließen (MEISERT 2014) Hierbei zeigt sich, dass sich Lernende die Erkenntnisfunktion von Modellen durchaus selbstständig erschließen, wenn sie sich mit Erkenntnismodellen auseinandersetzen (PENNER ET AL. 1997, MEISERT 2008). Dies kann über sukzessiv abstraktere und miteinander verknüpfte Lernschritte erfolgen.

Modellkritik soll unter anderem das Entstehen von Fehlvorstellungen verhindern

- **Schritt 1: Modellkritik**

Der erste Lernschritt bezieht sich auf einen kritischen Vergleich zwischen Modell und realem Bezugssystem, um ein Bewusstsein dafür zu schaffen, dass Erkenntnismodelle gezielt ausgewählte Teilaspekte rekonstruieren und andere nicht. So zeigt eine optische Bank z.B. nicht die Übergänge einer realen Linsenverformung. Durch das Einsetzen unterschiedlicher Linsen werden nur gestufte Übergänge simuliert, während die menschliche Linse stufenlos akkommodieren kann. Diese als „Modellkritik" bezeichnete Analyse bietet auf der Grundlage einer vergleichenden Betrachtung konkrete Hinweise darauf, dass Erkenntnismodelle keiner 1:1-Nachahmung entsprechen. Ziel der Modellkritik ist somit auch keine Bewertung des Modells als unzureichend, da es von einer 1:1-Kopie abweicht, sondern ein explizites Feststellen von intendierten (und natürlich auch konstruktionsbedingten) Differenzen, um beispielsweise das Entstehen von Fehlvorstellungen zu verhindern. Dieses Feststellen von Differenzen dient dann als Plateau, um auf einer abstrakteren Ebene über die Ziele der Modellentwicklung und -arbeit zu reflektieren. Zwar lehnen UPMEIER ZU BELZEN/KRÜGER (2010, 47) das Verfahren der Modellkritik ab, indem sie argumentieren, ein Vergleich mit Originalen verstärke die Ansicht, „dass Modell und Original vergleichbar sind und dass ein Modell möglichst korrekt und vollständig das Original repräsentieren sollte". Unserer Ansicht nach unterstützt Modellkritik jedoch nicht die Vorstellung einer 1:1-Nachahmung, sondern macht bewusst, dass die Differenzen zwischen Modell und Original gerade das Potenzial des Modells ausmachen.

- **Schritt 2: Bedeutung von Modellen**

Reflexionen über die Bedeutung der Modellarbeit können methodisch z.B. durch eine Kartenabfrage initiiert werden (*„Wir entwickeln Modelle, um …"*

oder *„Wir arbeiten mit Modellen, um …“*). Durch eigenständiges Sortieren der Karten werden die unterschiedlichen Ideen der Lernenden identifiziert und kategorisiert. Diese Ideen lassen sich dann zu den zuvor analysierten Differenzen zwischen Modell und realem System in Beziehung setzen, sodass die reine Nachahmung als Funktion ausgeschlossen werden kann. Durch eine Rückschau auf die eigene Arbeit mit der optischen Bank können die Lernenden dann ihre Vorstellungen zur Funktion von Modellen in Erkenntnisprozessen weiter ausdifferenzieren. Kontrastierende Thesen wie *„Modelle sind Ideentester“* und *„Modelle sind Nachahmer“* können genutzt werden, um die vielfältigen Überlegungen zu akzentuieren und zu bündeln.

- **Schritt 3: Modell-Modellierer-Original-Verhältnis**

Ein weiterführendes Nachdenken über die Beziehungen zwischen dem Modellierer, dem Modell und dem Original lässt sich durch eine einfache Skizze initiieren (Abb. 28). Die Beziehungen zwischen diesen Elementen des Modellbildungsprozesses können dann von den Lernenden in Form eines offenen Aufgabenformats selbst konkretisiert werden. Dieses Verständnisniveau lässt sich jedoch auf diese Weise nur erfolgreich erschließen, wenn die Lernenden eigene Modellentwicklungsprozesse durchlaufen haben, da ihnen in der Regel nur dann entsprechende Erfahrungen für diesen Abstraktionsschritt zur Verfügung stehen. Hinsichtlich des Instruktionsgrades lässt sich dieses Material variieren, indem z.B. alternativ Musterbeschriftungen für die vorgegebenen Pfeile ungeordnet vorgegeben werden, um diese von den Lernenden zuordnen zu lassen. Der Schwierigkeitsgrad dieses hohen Abstraktionsniveaus kann so variabel an unterschiedliche Lernsituationen angepasst werden.

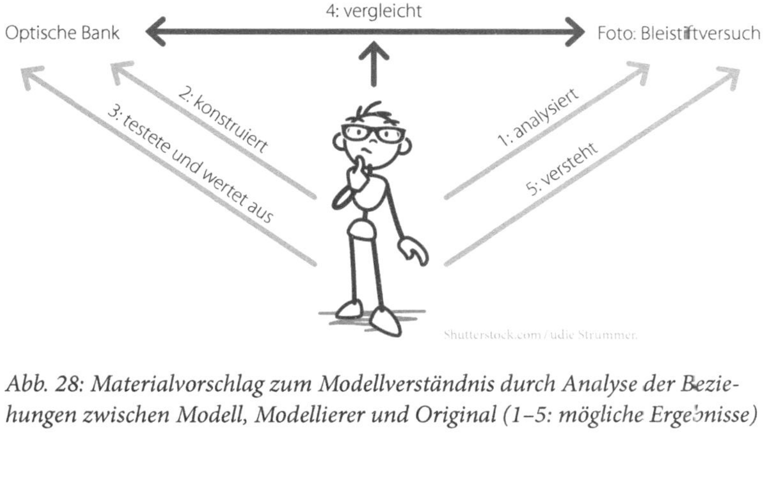

Abb. 28: Materialvorschlag zum Modellverständnis durch Analyse der Beziehungen zwischen Modell, Modellierer und Original (1–5: mögliche Ergebnisse)

4.6 Die Arbeit mit Medien planen

Steffen Schaal

Die Ausführungen in diesem Kapitel helfen dabei, für Unterrichtsinhalte geeignete Medienentscheidungen zu treffen. Die Eigenschaften von Unterrichtsmedien werden dabei ebenso beschrieben wie deren Nutzungsmöglichkeiten im Lehr-Lern-Prozess. Das Kapitel schließt mit einer Übersicht über den Einsatz von Lebewesen und deren Teilen, Texten, ruhenden und bewegten Bildern, Text-Bild-Kombinationen und digitalen Medien.

Viele Phänomene in der (belebten) Natur sind so komplex, dass sie durch das gesprochene Wort allein nicht angemessen durchdrungen werden, und grundlegende (fachliche) Konzepte können nur unzureichend aufgebaut werden. Daher sind insbesondere im naturwissenschaftlichen Unterricht weitere Darstellungsformen und Erkenntnishilfen nötig, um die Lernenden beim Erfassen und Durchdringen von Phänomenen und Zusammenhängen in der Natur zu unterstützen.

Nicht selten lassen sich Lehrkräfte bei der Unterrichtsplanung sogar weniger von den zuvor angestellten didaktischen Überlegungen als von den zur Verfügung stehenden Medien und Materialien (Schulbücher, Arbeitsblätter, Filme) leiten, und Fortbildung führen dann zu allgemeiner Zufriedenheit, wenn *etwas mitgenommen werden* kann. Doch der Einsatz von Medien sollte nicht nur vom verfügbaren Angebot bestimmt sein, sondern vor allem didaktischen Überlegungen folgen und auf die Ziele des Biologieunterrichts hin reflektiert sein. Medien sind quasi als Werkzeuge zu verstehen, die bei der planvollen Gestaltung von Lehr-Lern-Umgebungen sowohl die Voraussetzungen der Lernenden berücksichtigen als auch die fachspezifischen Arbeitsweisen und Erkenntnismethoden unterstützen.

In diesem Abschnitt werden – entgegen der sonst üblichen Praxis – nur sehr eingeschränkt einzelne Medienarten wie die Wandtafel, der Computer oder lebende Organismen im Detail beschrieben und hinsichtlich ihrer spezifischen Stärken im Unterricht reflektiert. Vielmehr werden zunächst die Aufgabe und die Stellung der Medien in der Planung kompetenzorientierten Biologieunterrichts beleuchtet. Der Schwerpunkt liegt dabei auf der Erarbeitung von Kriterien, welche die Lehrkraft bei einer begründeten Medienauswahl für einen erfolgreichen Lehr-Lern-Prozess unterstützen sollen.

Dabei können die folgenden drei Kernfragen die Medienauswahl strukturieren und unterstützen:

- Welche Funktionen soll ein Medium im Lehr-Lern-Prozess des Biologieunterrichts übernehmen?
- Welche Eigenschaften von Unterrichtsmedien sind wesentlich, um Zielsetzungen des Biologieunterrichts zu unterstützen?
- Auf welche Weise können Unterrichtsmedien eingesetzt werden, um den Lehr-Lern-Prozess im Biologieunterricht zu unterstützen?

Funktionen der Medien im Lehr-Lern-Prozess

In der biologiedidaktischen Literatur gibt es eine Reihe von Versuchen, den Begriff *Medien* greifbar zu machen und zu definieren (vgl. KÖHLER 2010c u. a.). Dabei wird deutlich, dass Medien im Allgemeinen und Unterrichtsmedien für den Biologieunterricht im Speziellen anhand verschiedener Kriterien strukturiert werden können. Unbestritten ist dabei zunächst die Tatsache, dass Medien eine spezifische Funktion im Unterricht übernehmen. Die Vorstellung, dass Medien lediglich zur Bereicherung des Unterrichts oder zur Illustration genutzt werden, geht ebenso an einer didaktisch begründeten Medienauswahl vorbei wie die Vorstellung, dass insbesondere digitale Medien den realen Unterricht ersetzen würden.

So setzt die Medienauswahl also zunächst voraus, dass die Funktion eines Mediums bereits bei der Planung von Biologieunterricht festgelegt wird.

Grundsätzlich dienen Medien im Biologieunterricht als (erweitert nach KATTMANN 2016):

- Erlebnis- und Erfahrungshilfen (z. B. Lebewesen, Naturfilme, Geräte zur Beobachtung),
- Erkenntnishilfen (z. B. Modelle, Experimentiermaterial, digitale Messwerterfassung, Computersimulationen, Schemata),
- Informationshilfen (z. B. Texte, Bilder, Computeranimationen) und als
- Kommunikations- und Produktionshilfen (z. B. Anregen des gemeinsamen Austauschs im Unterrichtsgespräch, soziale Netzwerke, Tools zur kreativ-ästhetischen Medienproduktion wie 360°-Kamera, Kamera-Drohne etc.)

Damit kann man Unterrichtsmedien in Anlehnung an VON MARTIAL (2005) auch als *Lernobjekte* bezeichnen, die Lernenden helfen, Erkenntnisse zu biologierelevanten Inhalten zu gewinnen, Unterrichtsziele zu erreichen oder aber den Erkenntnisweg zu unterstützen. Medien als Lernobjekte, die den Lernprozess begleiten, sind damit entweder Träger von Informationen und/oder Vermittler im Lernprozess zwischen dem Gestalter einer Lernumgebung, einem Lerngegenstand und den Lernenden.

Unterrichtsmedien sind apersonale Träger von Informationen und Mittler im Lernprozess in planvoll gestalteten Lernumgebungen (nach STAECK 1995)

Entscheidend ist dabei, dass die Lernenden kognitiv aktiviert werden und handelnd mit diesen Lernobjekten umgehen. Auf diese Weise können Medien die aktive Auseinandersetzung mit Lerninhalten initiieren, moderieren oder dazu motivieren, sich einem Lerngegenstand zuzuwenden

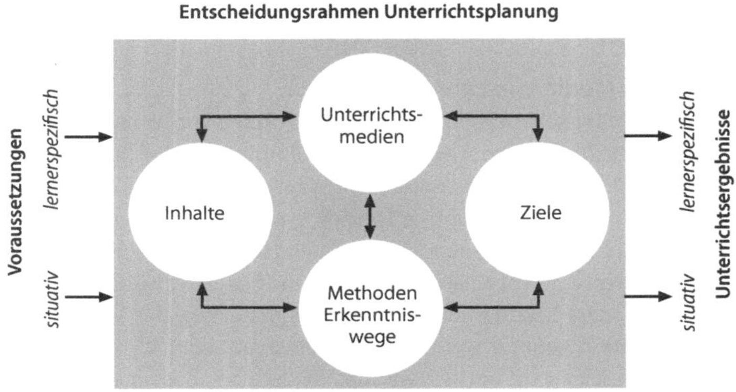

Abb. 29: Entscheidungsrahmen bei der Planung von Biologieunterricht (verändert nach STAECK *1995)*

Beispiel: Wie die Zielsetzung die Medienauswahl bestimmt

1. Förderung des Kompetenzbereichs Erkenntnisgewinnung:

Wie in den vorangegangenen Kapiteln beschrieben, können sich die Zielsetzungen des Unterrichts bei ein und demselben Inhalt maßgeblich unterscheiden. Steht beispielsweise die Förderung des Kompetenzbereichs *Erkenntnisgewinnung* im Vordergrund der Unterrichtsplanung, so werden schwerpunktmäßig die fachgemäßen Arbeitsweisen zur Erkenntnisgewinnung angewandt. In diesem Fall bietet sich das Originalobjekt – beispielsweise ein Schweineauge – als Medium an. Dessen Betrachtung und Präparation liefert den Lernenden Einsichten in den Bau eines Säugetierauges und lässt die Funktion verschiedener Bestandteile deutlich werden. Die formerhaltende Funktion des Glaskörpers beispielsweise oder die Robustheit von Horn- und Lederhaut sowie die Austrittsstelle des Sehnervs zeigen bei der Arbeit am echten Auge den Bau-Funktions-Zusammenhang deutlich auf.

2. Förderung des Kompetenzbereichs Kommunikation:

Ist demgegenüber die Zielsetzung der Unterrichtsstunde eher im Kompetenzbereich *Kommunikation* verortet, so könnte das Beschreiben eines

Augenmodells und dessen zeichnerische Umsetzung stärker im Fokus stehen. Wenn es sich um ein analoges Modell handelt, dann können wesentliche Bestandteile durch farbige Abgrenzung, Vergrößerung oder durch eine bessere Zugänglichkeit als beim Original hervorgehoben werden und damit den Einsatz begründen.

Unterrichtsmedien beeinflussen grundlegend die Unterrichtsplanung: Die Mediennutzung steht mit den ausgewählten Erkenntniswegen und -methoden der Biologie ebenso in Wechselwirkung wie die zur Verfügung stehenden Medien mit den Zielen des Unterrichts. Aber auch die Ziel- und Schwerpunktsetzung des Unterrichts beeinflusst wiederum die Medienauswahl. Wenn für einen komplexen Sachverhalt im Unterricht keine für die Zielgruppe angemessenen Medien zu finden sind oder erstellt werden können, dann darf auch der Erfolg dieses spezifischen Lehr-Lern-Prozesses in Frage gestellt werden. Daher beeinflussen die Verfügbarkeit von Medien und deren zielgerichteter Einsatz die Unterrichtsplanung maßgeblich. Dies wird in folgendem Beispiel deutlich:

Beispiel: Wie die schulische Ausstattung die Medienauswahl beeinflusst
An einer Schule steht nur ein Augenmodell zur Verfügung. Im Rahmen der Unterrichtsplanung wird eine Stationenarbeit zum Bau des menschlichen Auges so geplant, dass andere Medien wie Texte, Bilder oder kurze Filmsequenzen die Arbeit mit dem Modell ergänzen. Auf diese Weise werden Methoden und Erkenntniswege mit Medienunterstützung ausgewählt, die in ihrer Gesamtheit zu einer aktiven Auseinandersetzung mit dem Lerngegenstand führen.

Medien übernehmen oberflächlich betrachtet verschiedene grundlegende Funktionen im Lehr-Lern-Prozess (vgl. auch Graf 2004, von Martial 2005, Tulodziecki/Herzig 2010, Schaal/Spannagel/Vogel, 2013, Schwanewedel et al. 2018):

- *Prozesse* und *Sachverhalte veranschaulichen* und/oder *sichtbar machen* sowie *strukturieren,*
- *indirekte Erfahrungen ermöglichen,* wenn direkte Erfahrungen nicht möglich, zu teuer, zu zeitaufwändig oder zu gefährlich sind,
- *Kommunikation vereinfachen,* wenn unmittelbare persönliche Kontakte schwer möglich sind (z. B. synchroner bzw. asynchroner Online-Unter-

richt, Expert*innen im Unterricht via Video-Konferenzen) oder wenn ein längerfristiger, zeit-/raumunabhängiger Austausch sinnvoll ist (z.B. kooperative Arbeit an einem digitalen Portfolio, an einem gemeinsamen digitalen Tagebuch/Weblog, kollaboratives Wiki, Arbeit mit Etherpads oder Austausch mit anderen Werkzeugen des Web 2.0),
- *Interesse wecken* und motivieren, indem Phänomene und Sachverhalte so dargestellt werden, dass sie an die Erfahrungswelt der Zielgruppe angebunden werden können; damit helfen Medien, eine Beziehung zwischen dem Lerngegenstand und den Lernenden herzustellen,
- *flexible, bedarfsgerechte Lehr-Lern-Arrangements* ermöglichen (Differenzierung nach Lernenden, Auflösen des Klassenunterrichts durch Mediennutzung in Gruppen, Entlastung von Routinearbeiten wie Datenaufnahme und -verarbeitung),
- *Herstellen eigener Medien* dient der Anwendung des Gelernten, der Dokumentation und Reflexion (z.B. Herstellung eines Funktionsmodells des Auges, einer einfachen Computeranimation/-simulation zur Akkomodation, eines Stop-Motion- oder Erklärvideos, eines Wikis zur visuellen Wahrnehmung).
- Unter der Prämisse der kognitiven Aktivierung und der Förderung prozessbezogener Kompetenzen sollte insbesondere die konstruktive und produktorientierte Medienarbeit einen festen Platz im Biologieunterricht haben!

Nicht vergessen: Medienerstellung kann kognitive Aktivierung und prozessbezogene Kompetenzen fördern

Darauf folgt die konkrete Auswahl des Unterrichtsmediums, welches für die jeweils festgelegte Funktion am besten geeignet erscheint. Dafür ist es nötig, zunächst die Eigenschaften der Unterrichtsmedien näher zu betrachten.

Medieneigenschaften, die den Lehr-Lern-Prozess unterstützen

Medien im Biologieunterricht werden bislang vorwiegend anhand ihrer *Oberflächenmerkmale* strukturiert (z.B. Original versus Abbild, vgl. Abb. unten). Alternativ können Unterrichtsmedien allerdings auch nach kognitions- und medienpsychologischen Gesichtspunkten (z.B. Wahrnehmung und Verarbeitung der angebotenen Informationen und Lerngegenstände) oder wie bereits beschrieben nach ihrer Funktion im Unterrichtsverlauf eingeteilt werden.

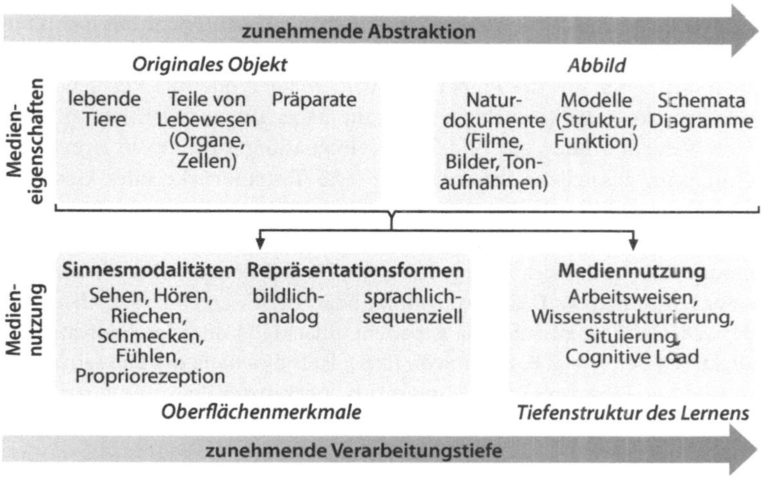

Abb. 30: Strukturierung der Unterrichtsmedien im Spannungsfeld zwischen Medieneigenschaften und Mediennutzung

Oberflächenmerkmale von Medien

Zu den Oberflächenmerkmalen der Medien im Biologieunterricht zählen:

- Abstraktionsgrad (Original: Lebewesen, Teile von Lebewesen, Präparate; Abbild: Film, Modell, Bild, Symbol, Text)
- Sinnesmodalität (Sehen, Hören, Riechen, Schmecken, Fühlen)

Vom Konkreten zum Abstrakten – das gilt auch für die Medienauswahl

Beides ist dann von Relevanz, wenn die Medienauswahl an der Zielgruppe ausgerichtet wird. Haben Lernende beispielsweise noch keinerlei Erfahrungen mit einem Lerngegenstand, so ist es durchaus sinnvoll, authentische Erfahrungen zu ermöglichen oder mit der Medienauswahl an lebensweltliche Erfahrungen anzuknüpfen (z. B. dient eine Bildkarte zum Nachweis des blinden Flecks als *Erlebnishilfe,* bevor ein Augenmodell als *Erkenntnishilfe* verwendet wird). Im Laufe eines Lehr-Lern-Prozesses werden diese ursprünglich originalen Begegnungen in abstraktere Darstellungsformen überführt, Versuchsergebnisse werden beispielsweise zur Veranschaulichung in Diagrammen dargestellt oder Prozessabläufe letztlich sprachlich beschrieben.

Können bei den Lernenden dagegen bereits grundlegende Erfahrungen mit einem Lerngegenstand vorausgesetzt werden, dann ist eine originale Begegnung mit dem Lerngegenstand nicht zwingend nötig und es können zunehmend abstrakte Medien verwendet werden.

Im Biologieunterricht werden Lebewesen oder Phänomene mit mehreren Sinnen *(multimodal)* wahrgenommen, beispielsweise bei Verhaltensversuchen mit Tieren, bei der Präparation von Organen oder bei Versuchen zur Geschmacks- oder Geruchsschwelle. Im Gegensatz zur Darbietung in einem Naturfilm oder mit Bild-Text-Kombinationen bietet die Arbeit mit Originalen zusätzliche Informationen wie Tasteindrücke oder Geruchs- und Geschmackswahrnehmungen. Bei der didaktisch begründeten Auswahl von Medien ist demnach zu diskutieren, ob diese zusätzlichen Sinnesmodalitäten auch Vorteile ergeben, etwa für das konzeptuelle Verständnis eines Lerninhalts (z. B. äußern Schüler beim Berühren einer Schlange häufig: „Die Schlangenhaut ist ja gar nicht glitschig!") oder im motivational-affektiven Bereich (z. B. Abbau von Ekel). Falls dies nicht der Fall sein sollte, so ist deren Einsatz vor dem Hintergrund begrenzter Zeit- und finanzieller Ressourcen kritisch zu bewerten.

Zu den Oberflächenmerkmalen zählt auch die Repräsentationsform eines Mediums. Die Grundannahme hierbei ist, dass bildhafte und sprachliche Darstellungen im Gedächtnis auf unterschiedlichen Wegen verarbeitet werden („Theorie der dualen Codierung", PAIVIO 1977). Dabei entstehen entweder *Vorstellungsbilder,* die Merkmale und Eigenschaften eines Gegenstands beinhalten (z. B. mentales Modell der Strahlengänge beim fehlsichtigen Auge). Oder es entstehen im Gedächtnis sprachlich-lineare Repräsentationen (z. B. „Licht verändert die räumliche Anordnung des Retinals. Dadurch wird das Transducin aktiviert, welches seinerseits das Enzym PDE aktiviert. Letztendlich sorgt dieses dann für ein Schließen der Na^+-Kanäle und damit für eine Hyperpolaristion der Sehsinneszelle"). Eine Berücksichtigung beider Repräsentationsformen verspricht dann gute Behaltensleistungen, wenn bildhafte und textuelle Informationen ohne großen kognitiven Aufwand miteinander in Beziehung gesetzt werden können (siehe Abb. 31; Weiteres unter „Text-Bild-Kombinationen" am Ende von Kapitel 4.6).

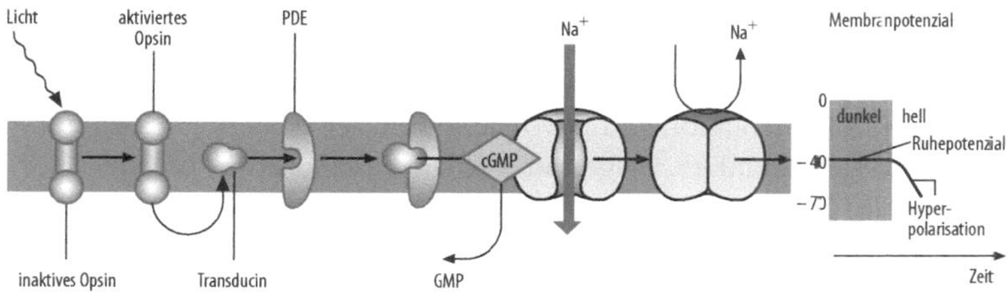

a) Lichtenergie isomerisiert Retinal, das sich von Opsin löst.

b) Das befreite (aktive) Opsin aktiviert das G-Protein Transducin.

c) Transducin aktiviert das Enzym Phosphodiesterase (PDE).

d) Die aktivierte PDE löst cGMP durch Hydrolyse zu GMP von den Natriumkanälen ab.

e) Der Verlust von cGMP schließt die Natriumkanäle. Die Membran wird hyperpolarisiert, was die Abgabe von Neurotransmitter an den Synapsen des Stäbchens mit Bipolarzellen verringert.

Abb. 31: Beispiel für die Darstellung der Transduktionskaskade an einer Sehsinneszelle durch geeignete Text-Bild-Kombinationen

Es ist bei der Medienauswahl daher zu berücksichtigen, ob der behandelte Inhalt eher

- zu einem Wissen über Eigenschaften oder
- zu einem Wissen über Prozesse oder
- zu Handlungswissen

führen soll.

Mit Unterrichtsmedien gezielt Lehr-Lern-Prozesse stützen

Den Oberflächenmerkmalen stehen *Tiefenstrukturen des Lernens* gegenüber, welche die Medien in ihrer Wirkung in Lehr-Lern-Prozessen beschreiben. Hier gilt die Annahme, dass Medien die aktive Auseinandersetzung mit Lerngegenständen unterstützen sollen und damit auch die Fähigkeit, angeeignetes Wissen unter wechselnden Bedingungen flexibel anzuwenden. Die folgenden Punkte erläutern auf Grundlage einschlägiger lernpsychologischer und mediendidaktischer Theorien die Unterstützung von Lehr-Lern-Prozessen durch Unterrichtsmedien und begründen deren gezielte Auswahl.

- Als *Hilfsmittel* unterstützen Medien die Erkenntnisgewinnung bei der Anwendung und Auswertung naturwissenschaftlicher Arbeitsweisen (z. B. beim Betrachten, Beobachten und Untersuchen von Organen oder Präparaten mithilfe von Lupe, Binokular oder Mikroskop). Damit schaffen die Unterrichtsmedien als Hilfsmittel Raum für die aktive Auseinan-

dersetzung mit dem Lerngegenstand, indem sie beispielsweise durch das Übernehmen von Routineaufgaben kognitive Ressourcen sparen (z. B. bei der Dokumentation und Darstellung von Versuchsergebnissen mittels Tabellen, Grafiken, Diagrammen). Diese Ressourcen können schließlich für lernrelevante Aktivitäten genutzt werden.
- Medien stellen *verschiedene Repräsentationsformen* zur Verfügung, die einen Lerngegenstand aus unterschiedlichen Perspektiven beleuchten und damit unterschiedliche, flexible Zugänge zum Lerngegenstand erlauben (z. B. Bau und Funktion des Säugerauges: durch echtes Schweineauge, Mikropräparat Mausauge, gegenständliches oder digitales Augenmodell, Querschnittszeichnung, Tabelle mit Bestandteilen des Auges). Damit werden Voraussetzungen für eine *kognitive Flexibilität* (vgl. SPIRO ET AL. 1988) geschaffen.
- Unterrichtsmedien helfen, Lerngegenstände in *authentische Kontexte* einzubinden (z. B. Film über die Fehlsichtigkeit oder Augenerkrankungen einer Person; über Behandlungsmethoden, beispielsweise durch Sehhilfen oder Lasik). Damit wird bei der Auseinandersetzung mit dem Lerngegenstand dessen Anwendungsmöglichkeit verdeutlicht.
- Mithilfe von Unterrichtsmedien können *(komplexe) Sachverhalte strukturiert* dargeboten (z. B. Transduktionskaskade in aufeinander folgenden Filmsequenzen) oder insgesamt strukturiert werden (z. B. Verwendung und/oder Erstellung von Mindmaps oder Concept Maps).
- Die *kognitiven Kapazitäten* eines Menschen sind begrenzt (Cognitive-Load-Theorie nach CHANDLER und SWELLER, vgl. SWELLER ET AL. 1998). Jeder Lerngegenstand hat eine gewisse inhaltliche Komplexität. Die Wahrnehmung, das Verständnis und die Nutzung von Unterrichtsmedien ihrerseits sind ebenfalls mit einem gewissen kognitiven Aufwand verbunden. Unterrichtsmedien sollen die aktive Auseinandersetzung mit einem Lerngegenstand vertiefen und erleichtern. Dabei werden Unterrichtsmedien so dargeboten, dass für deren Entschlüsselung und Verständnis möglichst wenige kognitive Ressourcen notwendig sind. Auf diese Weise bleibt mehr Raum für die lernwirksame Auseinandersetzung mit dem Lerngegenstand (z. B. bei der Verwendung von digitalen Technologien sollte die Bedienung möglichst intuitiv und an alltäglichen Gewohnheiten ausgerichtet sein).

Aus der Zusammenschau von Oberflächenmerkmalen und Funktionen im Lehr-Lern-Prozess kann nun eine exemplarische Übersicht als Hilfe zur zielgerichteten Medienauswahl bei der Unterrichtsplanung zusammengestellt werden.

Digitale Technologien im Biologieunterricht nutzen

Die Biologie ist die „Wissenschaft des Lebendigen“ und daher stehen für den Biologieunterricht eine Unmenge von gegenständlichen Objekten zur Verfügung. Doch die häufig geäußerte Prämisse, dass stets das originale Objekt als Medium zu bevorzugen sei, ist vor dem Hintergrund der Lernprozessunterstützung nicht haltbar. Vielmehr wird von Lehrkräften eine reflektierte und begründete Medienauswahl verlangt, die sich an transparenten und idealerweise auf Evidenz gründenden Kriterien orientiert. Gerade für die Auswahl digitaler Technologien im Lehr-Lern-Prozess ist es demnach entscheidend, deren „Wert“ im Vergleich zur Nutzung analoger Medien kritisch zu beleuchten und stets eine Aufwands-Nutzen-Abwägung vorzunehmen. Dabei hilft beispielsweise das sogenannte SAMR-Modell von PUENTEDURA (2006). SAMR steht für Substitution/Ersatz, Augmentation/Verbesserung, Modification/Veränderung und Redefinition/Neubelegung[1]) und diese Strukturierung soll Lehrkräfte bei der Auswahl von und bei einem kompetenten Umgang mit digitalen Technologien unterstützen.

<table>
<tr><th>Ebene</th><th>Definition und Beispiel</th><th>Wert der digitalen Technologie</th><th>Lehr-/ Lernprozess</th></tr>
<tr><td>Substitution (Ersatz)</td><td>Analoges Medium wird digital angeboten (z. B. PDF-Dokument, eReader)</td><td>Keine funktionale Verbesserung (Mehrwert durch bspw. weniger Kopien, Speichervolumen in digitalen Bibliotheken, etc.)</td><td rowspan="2">Unterstützung und Verbesserung

Digitale Technologien als Werkzeuge im „klassischen“ Unterricht sorgen für Unterstützung</td></tr>
<tr><td>Augmentation (Funktionale Erweiterung)</td><td>Digitale Technologie sorgt für Verbesserungen (z. B. eBook mit Audio, Video & Animation, Handschrift-Notizen mit Schrifterkennung auf Tablet, Aufgaben in Learningapps.org, Versuchsdokumentation mit Smartphone-Kamera)</td><td>Geringe funktionale Erweiterung (z. B. nichtlinearer Informationsabruf, Online-Aufgaben mit direktem Feedback)</td></tr>
</table>

1 Übersetzung in Anlehnung an http://homepages.uni-paderborn.de/wilke/blog/2016/01/06/SAMR-Puentedura-deutsch/

Ebene	Definition und Beispiel	Wert der digitalen Technologie	Lehr-/ Lernprozess
Modification (Umgestaltung von Lernprozessen)	Digitale Technologien sorgen für grundlegende Veränderungen des Unterrichtens (z. B. kooperatives Erarbeiten von Referaten in Etherpads o. Wikis, digitale Gruppenpuzzle mit Etherpads, Modellierung biologischer Sachverhalte mit Simulationssoftware, Nutzung von mobilen Kartendiensten für Exkursionen)	Individualisierte, kooperative und produktorientiert-konstruktive Erweiterung	Transformation Digitale Technologien als Werkzeuge eröffnen neue Möglichkeiten
Redefinition (Ermöglichung neuartiger Lernprozesse)	Der Einsatz digitaler Technologien ermöglicht völlig neue Unterrichtsformen (z. B. Arbeiten mit digitalen Gen-Datenbanken oder virtuellen Laboren, Aufgabenkonstruktion durch Lernende mit learningapps.org, mobile Datenaufnahme und-verarbeitung, Arbeiten mit originalen Daten bspw. HOBOS.de, Smartphone-Exkursionen und ortsbezogenes Lernen mit mobiler Datenaufnahme und -verarbeitung)	Lehr- und Lernangebote, welche mit analogen Medien nicht umsetzbar sind	

Tab. 11: Das SAMR-Modell (in Anlehnung an PUENTEDURA 2006 aus SCHAAL 2017) als Planungs- und Entscheidungshilfe für die Integration digitaler Technologien in den Biologieunterricht

Die gezielte Auswahl digitaler Technologien nach dem SAMR-Modell als Visualisierungs- und Explorationswerkzeuge für den Biologieunterricht könnte beispielsweise folgendermaßen aussehen:

Augmentation

- Auf einer Internetseite kann beispielsweise die Neuroanatomie durch Text, Bild und interaktive Darstellungen besser in ihren Struktur-Funktionszusammenhängen erarbeitet werden als mit einer statischen Schulbuchseite (z. B. dasGehirn.info)

Modification

- Mit Online-Angeboten (z. B. leifi-physik.de oder planet-wissen.de) die Strahlenoptik des menschlichen Auges mittels interaktiver Animationen erkunden. Dabei werden Lichtstrahlenbündel sichtbar, sie können manipuliert werden und das Ergebnis der Interaktion wird unmittelbar sichtbar. Dabei kann ein Ausmaß kognitiver Aktivierung erreicht werden, was analog nur mit deutlich größerem Aufwand möglich ist.

Redefinition

- Lernende erarbeiten Versuche und erstellen eigene Videodokumentationen. Hierzu verwenden sie unter anderem auch Bildbearbeitungpsrogramme, um nicht-sichtbare Elemente zu ergänzen (z. B. Strahlengang beim Augenmodell oder bei der optischen Bank).
- Lernende erkunden die Schulumgebung mithilfe der im Smartphone enthaltenen Sensoren (z. B. Schallpegel, Licht) und erstellen gemeinsam eine Messwertkarte. Daraus werden für die Schulumgebung konkrete Maßnahmen reflektiert und gegebenenfalls umgesetzt (z. B. Lärmschutzmaßnahmen, Pflanzpläne für das Schulgelände entsprechend der abiotischen Faktoren). Die Smartphone-Sensoren können zwar professionelle Messgeräte nicht ersetzen, sie führen jedoch in die Messwerterfassung und in wissenschaftliches Arbeiten ein.
- Lernende erstellen eigene Stop-Motion-Videos (z. B. mithilfe von zuvor bereit gestellten Schnittbögen zur Transduktionskaskade in den Stäbchen). Beispiele hierfür finden sich unter http://digitale-medien.schule (z. B. zur Erregungsübertragung am synaptischen Spalt).
- Lernende programmieren einfache Schreitroboter und erlernen neurobiologische Steuerungs- und Regelungsmechanismen.

Dabei ist insbesondere die gemeinsame, kollaborative Erarbeitung und Erstellung (digitaler) Artefakte ein wesentliches Merkmal.

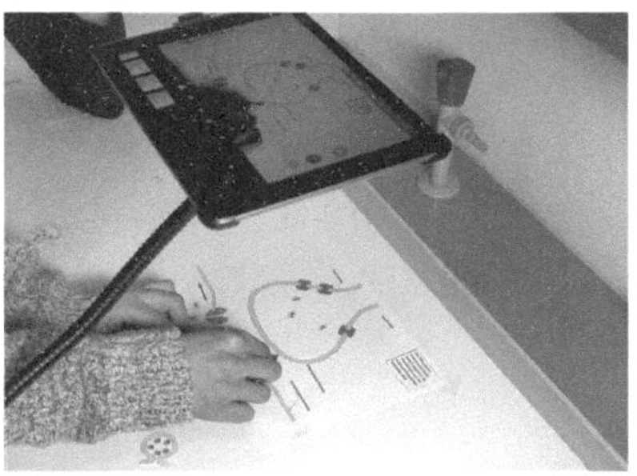

Moritz Krause

Vorgänge am synaptischen Spalt mithilfe eines Schnittbogens als Stop-Motion-Video umsetzen

Es wird deutlich, dass die Nutzung digitaler Technologien letztlich weniger eine Frage des medialen Angebots, sondern deren Beitrag zur aktiv-konstruktiven Gestaltung von Biologieunterricht ist: „Wenn der Einsatz digitaler Technologien die Substitutions-Ebene nicht [übersteigt], dann kann getrost darauf verzichtet werden" (SCHAAL 2017, 47).

Wie Unterrichtsmedien gezielt ausgewählt werden

Um Medien für den Biologieunterricht gezielt auszuwählen, können folgende Punkte handlungsleitend sein:

Checkliste: Medien

1. Welche Ziele werden mit dem Medieneinsatz verfolgt?
   Worauf zielt der Medieneinsatz in der konkreten Unterrichtssituation ab?
   Sollen Medien genutzt oder selbstständig erstellt werden?
   Handelt es sich bei kognitiven Lernzielen um deklaratives oder um prozedurales Wissen? Welches Unterrichtsmedium ist zur Unterstützung dieses Ziels geeignet?
   Dient der Medieneinsatz zur Veranschaulichung, als Kommunikationsmittel, oder unterstützt er den Erkenntnisprozess?
2. Sind geeignete Medienressourcen verfügbar, oder müssen Unterrichtsmedien speziell erstellt werden?
3. Auf welche Weise ist der Medieneinsatz in den Unterrichtsverlauf eingebunden: Dient er beispielsweise als Einstieg, zur aktiven Erarbeitung des Lerngegenstands oder zur Ergebnissicherung?
4. Mit welchen Vorerfahrungen, Alltagsvorstellungen und Gewohnheiten ist bei den Lernenden zu rechnen (z. B.: wie vertraut sind die Lernenden mit spezifischen Medien, wie ist die Abstraktionsfähigkeit entwicklungsbedingt einzuschätzen, sind alle verwendeten Symbolsysteme bekannt)?
5. Welchen (Mehr-)Wert bietet der Einsatz digitaler Technologien?
6. Welche räumlichen, technischen oder zeitlichen Voraussetzungen sind mit dem Medieneinsatz verbunden (z. B. Ausstattung des Lehrraums, Zeitaufwand für den Medieneinsatz und/oder die Medienbeschaffung, Zugänglichkeit der Medien)?

Unterrichtsmedien im Biologieunterricht – den Überblick behalten

Im Folgenden werden überblicksartig die verschiedenen Medienarten im Biologieunterricht und deren mögliche Funktion dargestellt (ausführlich bei SPÖRHASE-EICHMANN/RUPPERT 2010, BERCK 2005, GROPENGIESSER/KATTMANN 2006). Modelle im Biologieunterricht werden in Kap. 4.5 intensiver behandelt und bleiben hier deshalb ohne Berücksichtigung.

1. Lebewesen und Teile von Lebewesen	
Eigenschaften	• sprechen mehrere Sinnesmodalitäten an • bieten unmittelbare Erfahrungsmöglichkeiten
Begründung für die Auswahl	• wenn ein „Mehrwert" besteht (z. B. zusätzlicher Sinneseindruck, emotionale Wirkung, Abbau von Ekel) oder • eigene Erfahrungen der Lernenden (noch) fehlen
zu berücksichtigen	• kritische Reflexion der Zeit-Kosten-Nutzen-Relation vor dem Hintergrund der formulierten Lernziele nötig • Ekel, unerwartetes Verhalten oder übermäßige Zuwendung („Ach sind die süß!!") können zielgerichtetes Arbeiten erschweren
2. Präparate von (Teilen von) Lebewesen	
Eigenschaften	• sprechen mehrere Sinnesmodalitäten an • bieten unmittelbare Erfahrungsmöglichkeiten • weisen im Vergleich zu lebenden Organismen durch die Art der Aufbereitung bereits eine reduzierte Komplexität auf
Begründung für die Auswahl	• wenn ein „Mehrwert" gegenüber Abbildern besteht (z. B. im Vergleich zu einem Bild) oder • wenn durch sie die aktive Auseinandersetzung mit dem Lerngegenstand (z. B. durch fachgemäße Erkenntnismethoden wie Mikroskopieren) in besonderem Maße gefördert wird
zu berücksichtigen	• kritische Reflexion der Zeit-Kosten-Nutzen-Relation • in den Vordergrund zu stellen sind entweder die kognitive Aktivierung (leistet ein Abbild womöglich dasselbe wie ein Präparat?) oder aber • das Einüben von Arbeitsweisen
3. Bewegte Bilder (Film, Computeranimation)	
Eigenschaften	• zeigen zeitabhängige Prozesse auf • bieten einfache Möglichkeiten, Sachverhalte auf verschiedenen Organisationsstufen und deren Übergänge ohne Brüche darzustellen (vom Makro- in den Mikrokosmos) • können bildhafte und sprachliche Informationen zusammenhängend darstellen (bewegtes Bild mit gesprochenem Text)
Begründung für die Auswahl	• bei zeitabhängigen, sequenziellen und/oder komplexen Sachverhalten • oft sinnvoll, um beispielsweise Lebensräume, verborgene und langfristige Abläufe oder komplexe Verfahren erfahrbar zu machen (z. B. durch Zeitraffer, Vergrößerung usw.)
zu berücksichtigen	• eine zielgerichtete kognitive Aktivierung durch Aufgabenstellungen vermeidet eine nur oberflächliche Verarbeitung des Lerngegenstands • der Mehrwert des bewegten Bildes gegenüber dem ruhenden Bild sollte deutlich herausgestellt werden

4. Ruhende Bilder (Foto, Zeichnung, Skizze, Schema, Diagramm, Symbol)	
Eigenschaften	• zeigen Eigenschaften von Objekten, Situationen, Abläufe, Prozesse, (Wirk- oder begriffliche) Zusammenhänge oder Abläufe auf • können analog (dem wirklichen Gegenstand ähnlich), symbolisch (wesentliche Merkmale darstellend), abstrakt oder als logische Bilder (z. B. Flussdiagramm) vorliegen • visualisieren qualitative (z. B. Funktionsdiagramm) oder quantitative Zusammenhänge (z. B. Balkendiagramme)
Begründung für die Auswahl	• Kernidee eines Lerngegenstands wird bildhaft veranschaulicht und lässt sich damit leicht an individuelle Erfahrungen und Alltagsvorstellungen anbinden • lenken die Aufmerksamkeit der Betrachtenden und können somit den Wahrnehmungsprozess gezielt beeinflussen • dienen der Situierung (Einbettung in einen Kontext) eines Lerngegenstands • visualisieren Handlungszusammenhänge und Vorgänge
zu berücksichtigen	• Wahrnehmungs- und Darstellungsgewohnheiten sowie Vorerfahrungen der Lernenden im Umgang mit Bildern sind zu berücksichtigen (z. B. bei Vergrößerungen und Detailaufnahmen, Farbwahl oder Leserichtung bei der Darstellung zeitabhängiger Prozesse) • je komplexer ein Lerngegenstand ist, desto besser sind vereinfachte Abbildungen im Vergleich zu realitätsnahen • unüberlegter Bildeinsatz (Verzierungen, unnötige Illustrationen) bindet kognitive Ressourcen, die für eine aktive Auseinandersetzung mit dem Lerngegenstand fehlen
5. Texte (gesprochene und geschriebene Sprache)	
Eigenschaften	• können in Alltags-, Unterrichts- und Fachsprache differenziert werden • können erstellt oder analysiert werden • dienen dem Begriffslernen und/oder der Beschreibung von Eigenschaften, Prozessen und Abläufen • sind stets abstrakt und nutzen im Idealfall Metaphern, Analogien oder gedankliche Bilder • Sprache im Biologieunterricht dient vorwiegend der Verständigung
Begründung für die Auswahl	• Kernidee eines Lerngegenstands wird sprachlich beschrieben und führt entweder zu Wissen über einen Lerngegenstand oder zu Verständnis von Abläufen und Prozessen • können lineare Sachverhalte darstellen • erlauben Differenzierung durch individuelle Bearbeitungszeit und unterschiedliche Komplexitätsgrade • können als Quellen genutzt werden, wenn keine anderen Technologien zur Verfügung stehen (z. B. Entdeckung der roten Blutkörperchen) oder zur vertiefenden Auseinandersetzung mit Lerngegenständen
zu berücksichtigen	• Textkomplexität dem Entwicklungsstand der Lernenden anpassen (sprachliche Einfachheit, Gliederung – Ordnung, Kürze – Prägnanz, zusätzliche Anregungen) • aktiver Umgang mit Texten kann Erkenntniswege unterstützen, Textarbeit im Biologieunterricht ist nicht Selbstzweck • recht geringe Motivation bei der Textarbeit („Papierbiologie") • alternative und/oder ergänzende Wege zur ausschließlich sprachlichen Repräsentation bedenken

6. Text-Bild-Kombinationen (Wandtafel, Schulbuch, digitales Lehr-Lern-Angebot)	
Eigenschaften	• die kognitive Verarbeitung von Text-Bild-Kombinationen führt zu verschiedenen mentalen Repräsentationen (verbale/piktorale Modelle) • die aktive Integration von verbalen und piktoralen Modellen kann die Verarbeitungstiefe des Lerngegenstands und/oder die Behaltensleistung verbessern • ergänzen sich gegenseitig durch unterschiedlichen Informationsgehalt von Text und Bild (Gestaltungsprinzipien siehe MAYER 2009) • besonders geeignet für Lernende mit geringem Vorwissen • Bilder ergänzen Textinformation emotional-affektiv und lenken bei entsprechendem Einsatz die Aufmerksamkeit während der Textarbeit
Begründung für die Auswahl	• Kernidee eines Lerngegenstands kann durch die gegenseitige Ergänzung von Bild und Text besser dargestellt werden als mit einer Repräsentationsform alleine • Verbindung zwischen begrifflichen und prozesshaften Einheiten notwendig • zur effizienten Informationsentnahme (z. B. Abbildung des Auges mit Beschriftungen und kurzen Funktionserläuterungen), um den dargestellten Lerngegenstand auf Grundlage des neuen Wissens aktiv bearbeiten zu können
zu berücksichtigen	• Text (gesprochen oder geschrieben) sollte möglichst kurz und in räumlicher/zeitlicher Nähe zum Bild stehen • Verbindung zwischen gesprochenem und geschriebenem Text vermeiden • Wörter und Bilder, die lediglich unterhalten sollen, lenken ab und können den Lernprozess beeinträchtigen (z. B. Buchverzierungen, Sprechblasen im Text usw.)
7. kombinierte, komplexe und digitale Technologien (Hypermedia, Simulationen, Web 2.0)	
Eigenschaften	• Text-Bild-Kombinationen, bewegte Bilder und akustische Informationen können in sinnvollen Kombinationen dargestellt werden • bieten die Möglichkeit zur Interaktion mit Personen und/oder dem Lerngegenstand an sich (z. B. Simulation der Akkomodation) • ermöglichen nichtlineare Lernwege (z. B. mit Hypermedien) • ermöglichen die kooperative Nutzung und Erstellung von Lehr-Lern-Materialien unabhängig von Zeit und Raum (z. B. Erstellung eines Wikis, Weblog, Experimentieren in einem virtuellen Labor)
Begründung für die Auswahl	• Kernidee eines Lerngegenstands ist vielschichtig und wird am besten mit einem nichtlinearen Medium dargestellt (z. B. interaktives Lernangebot mit Simulationen, Animationen, Text-Bild-Kombinationen und Filmen zur visuellen Wahrnehmung) • Lerngegenstand lässt sich schlecht mit anderen Medien darstellen oder bearbeiten, weil er sich der direkten Wahrnehmung entzieht, zu große Zeitspannen umfasst oder in seiner Komplexität auf wenige Einflussfaktoren reduziert werden muss (z. B. Simulation der visuellen Wahrnehmung verschiedener Tiere oder der additiven/subtraktiven Farbmischung) • Lernenden kann durch den flexiblen Zugriff auf das Medium ein hohes Maß an Selbst- und Mitbestimmung im Lernprozess gegeben werden
zu berücksichtigen	• Mehrwert des komplexen Mediums muss deutlich herausgestellt werden • Lernende müssen über eine entsprechende Medien-Kompetenz verfügen. Es droht sonst die Gefahr, dass allein für die Handhabung des Mediums wesentliche kognitive Ressourcen verwandt werden müssen und Lernende im schlimmsten Fall überfordert werden • Vorerfahrungen im Umgang mit digitalen Technologien und Alltagskonzepte der Lernenden zur Nutzung der verwendeten Technologien müssen berücksichtigt werden • komplexe Medien sollten die (kognitiv) aktive Nutzung und Auseinandersetzung mit dem Lerngegenstand fördern

4.7 Aufgaben entwickeln und einsetzen

Holger Weitzel

Aufgaben sind auf einen Inhalt bezogene Appelle zum Denken und Handeln, die mündlich oder schriftlich, als Aufforderung („Beschreibe den Aufbau des Auges.") oder als Frage („Wie heißen die von außen sichtbaren Bestandteile des Auges?") gestellt werden können. Sie haben mindestens eine Lösung und sind in einer überschaubaren Zeit zu bearbeiten. Aufgaben können im Unterricht genutzt werden, um neue Lerninhalte zu erarbeiten (Lernaufgaben), um Lerninhalte zu wiederholen, anzuwenden und damit zu festigen und zu vertiefen (Anwendungsaufgaben) oder um Lernergebnisse zu überprüfen (Leistungsaufgaben). In diesem Kapitel wird dargestellt, wie Aufgaben entwickelt werden können. Die Messung von Lernergebnissen durch Leistungsaufgaben wird in Kap. 5 beschrieben.

Jede Lehrkraft setzt in jeder Unterrichtsstunde in irgendeiner Form Aufgaben ein; die bewusste Anwendung und damit Übung, Festigung und Vertiefung von Unterrichtsinhalten nimmt im Biologieunterricht hingegen nur wenig Raum ein (Jatzwauk 2007). Zu diesem Zweck eingesetzte Aufgaben gelten jedoch als wichtiges Werkzeug zur Steigerung der Qualität des Biologieunterrichts. Dies ist nicht zuletzt deswegen der Fall, weil über die intensive Beschäftigung mit Aufgaben Lernende dazu gebracht werden können, sich kognitiv aktiv, also denkend, mit dem Lernstoff auseinanderzusetzen. Eine weitere Stärke von Aufgaben ist in der möglichen Differenzierung des Lehrangebots zu sehen, sei es im Grad der Komplexität oder der verwendeten Kontexte (siehe Frage 2: Welcher Kontext eignet sich, die gewählten Kompetenzen zu fördern?). Nicht zuletzt kann über die im Unterricht eingesetzten Aufgaben gegenüber den Lernenden transparent gemacht werden, welche Unterrichtsziele sie erreichen sollen, um Leistungsaufgaben z. B. in einer Klassenarbeit erfolgreich bearbeiten zu können. Nicht alle Aufgaben müssen von der Lehrkraft neu entwickelt werden. Viele Aufgaben, die ursprünglich für Klassenarbeiten entworfen worden sind, können mit vertretbarem Aufwand in Aufgaben zum Lernen und Anwenden umgewandelt werden.

Beispiel für häufige Aufgabenstellungen
- Welche Typen von Sehsinneszellen gibt es in der Netzhaut?
- Beschreibe, wie im menschlichen Auge Licht in Erregungen umgewandelt wird.

Den Aufbau von Aufgaben verstehen

Aufgaben können aus bis zu vier Teilen zusammengesetzt sein:

- Der *Aufgabenkontext* legt eine Situation dar, auf deren Grundlage die Aufgabenstellung entfaltet wird. Zusätzlich kann der Aufgabenkontext Hinweise auf die Art der Lösungstätigkeit oder die Lösungswege enthalten.
- Die *Aufgabenstellung* beinhaltet die Arbeitsanweisungen für die Lernenden.
- Der *Unterstützungsteil* führt Materialien und/oder Hilfestellungen zur Lösungsfindung ein. Unterstützungselemente können im Aufgabenkontext und der Aufgabenstellung eingebunden sein oder als eigenständige Hilfen angeboten werden.
- Der *Rückmeldungsteil* gibt ein Feedback zur Qualität der beschrittenen Lösungswege oder gefundenen Lösungen.

Aufgaben entwickeln

Die Unterteilung in Teilfragen hilft bei der Aufgabenentwicklung

Die Entwicklung von Aufgaben lässt sich durch eine Aufschlüsselung in fünf Teilfragen erleichtern, die den Fragen bei der Planung einer Unterrichtsstunde ähneln (vgl. Kap. 3). Nachfolgend werden die Teilfragen schrittweise durchlaufen. Ist der Ablauf erst einmal eingespielt, lassen sich Aufgaben recht schnell und effektiv entwickeln!

1. Welche Kompetenz(en) soll(en) durch die Bearbeitung der Aufgabe gefördert werden?
2. Welcher Kontext eignet sich, um mit der Aufgabe die gewählte(n) Kompetenz(en) zu fördern?
3. Wie sollte die Aufgabenstellung im Hinblick auf die zu fördernde(n) Kompetenz(en) formuliert und in welcher Reihenfolge sollten mögliche Teilaufgabenstellungen angeordnet werden?
4. Welche Kompetenzen sind bei Lernenden vorauszusetzen, um die Aufgabe lösen zu können? Welche Unterstützungselemente müssten eventuell zur Beantwortung eingeplant werden?
5. Wie soll eine Rückmeldung zu den Aufgabenlösungen erfolgen?

1. Welche Kompetenzen sollen durch die Aufgabe gefördert werden?

Die Entwicklung einer Aufgabe beginnt mit der Festlegung der Kompetenz(en), die mit einer Aufgabe gefördert werden soll(en). Die Festlegung der zu fördernden Kompetenz(en) erfolgt während der Planung von Unterrichtseinheit und Unterrichtsstunde (Kap. 1 und 2).

> **Beispiel**
> Wir wählen exemplarisch und an dieser Stelle ohne weitere Begründung für unser Beispiel folgende Kompetenzen aus:
>
> *Die Schülerinnen und Schüler …*
> *„F2.4 – beschreiben und erklären Struktur und Funktion von Organen und Organsystemen, z. B. bei der Stoff- und Energieumwandlung, Steuerung und Regelung, Informationsverarbeitung, Vererbung und Reproduktion“,*
> *„E7 – wenden Schritte aus dem experimentellen Weg der Erkenntnisgewinnung zur Erklärung an“ und*
> *„K6 – stellen Ergebnisse und Methoden biologischer Untersuchung dar und argumentieren damit“ (KMK 2004).* Die Kompetenzen sollen am Beispiel der additiven (physiologischen) Farbmischung erarbeitet werden.

2. Welcher Kontext eignet sich, die gewählten Kompetenzen zu fördern?

Der Kontext bestimmt stärker als der fachliche Inhalt, wie interessant eine Aufgabe ist

Die sorgfältige Auswahl eines Aufgabenkontextes ist in zweifacher Hinsicht von besonderer Bedeutung: Erstens wird angenommen, dass Kompetenzen in Situationen mit Lebenswetlbezug leichter erlernt und dann auch geprüft werden können (MEYER/BOHL/ KLEINKNECHT/METZ 2013). Zweitens ist aus der fachdidaktischen Forschung bekannt, dass der Kontext stärker als der fachliche Inhalt einer Aufgabe darüber bestimmt, wie interessant eine Aufgabe für Lernende ist und wie bereitwillig und mit welcher Intensität Aufgaben bearbeitet werden (KRELL 2018).

Alltagsnahe Kontexte sind für Lerner interessanter

Lebensweltbezug lässt sich in vier Kategorien fassen (vgl. HAMMANN 2006):

- Alltagsleben und Gesundheit (z. B. Zuhause, Schule, Hobbys, Freunde, körperliche Entwicklung, Einkaufen, Ernährung, Gesunderhaltung, Krankheitsentstehung)
- Erde und Umwelt (z. B. Erhalt und Gefährdung von Umwelt, Wetter und Klima)
- Technologie (z. B. Biotechnik, Gentechnik)
- Forschung (z. B. historische und aktuelle Forschungen)

Jeder Kontext aus einer der Kategorien kann sich auf den persönlichen Bereich (das Individuum), den sozialen Bereich (die Gesellschaft) oder den globalen Bereich (die Welt) beziehen. Kategorie und Bereich können je nach Thema und Klasse frei gewählt werden. Entscheidend ist es, die Auswahlkriterien bei der Wahl des Kontextes zu bedenken. Wir entscheiden uns für einen Kontext aus der Kategorie „Alltagsleben und Gesundheit“, der auf den persönlichen Bereich bezogen wird:

> **Beispiel für einen Aufgabenkontext: Rot-Grün-Schwäche**
> Für viele Berufe (z. B. Ärztin, Frisör, Kosmetikerin, Maler, Köchin, Pilot) sind nur Menschen geeignet, die in der Lage sind, Farben differenziert wahrzunehmen. Menschen mit einer Farbsehschwäche können einen Teil der Farben des für einen Gesunden sichtbaren Lichtspektrums nicht sicher oder gar nicht unterscheiden. Die häufigste Form der Farbsehschwäche ist die sogenannte Rot-Grün-Schwäche, weil die Betroffenen einen Teil der für einen Farbgesunden unterscheidbaren Farben leicht miteinander verwechseln. Verursacht wird die Farbsehschwäche durch das Fehlen oder die verringerte Leistungsfähigkeit eines Zapfentyps.

Wahl eines alltagsnahen Kontextes aus der Kategorie Gesundheit

Aufgabenkontext

Hinweise auf eine mögliche Lösung als Unterstützung bereits bei der Beschreibung des Kontextes

3. Wie sollte die Aufgabenstellung im Hinblick auf die zu fördernde(n) Kompetenz(en) formuliert und in welcher Reihenfolge sollten mögliche Teil-Aufgabenstellungen angeordnet werden?

Die Aufgabenstellung legt die Art der Lösungstätigkeit und den Umfang der Lösung fest. Sie definiert zumeist das Anfangsproblem und erfordert genau eine Lösung und einen Lösungsweg (bei konvergenten Aufgaben) oder mehrere Lösungen bzw. mehrere Lösungswege (bei divergenten Aufgaben) (Maier/Bohl/Kleinknecht/Merz 2013). Sie wird sich in der Regel auf biologische Fakten, Methoden oder Konzepte beziehen. Je nach Leistungsfähigkeit der Lernenden kann die Aufgabenstellung mehr oder weniger ausführliche Unterstützungselemente enthalten (vgl. Material 1 in Frage 4).

Im vorliegenden Beispiel (Abb. 32) sind die Arbeitsanweisungen in der Aufgabenstellung so strukturiert, dass in den Teilaufgaben 3 und 4 die Anwendung eines bereits im Unterricht behandelten Inhalts („additive Farbmischung“) gefordert wird. Die Arbeitsanweisungen in den Aufgaben 1 und 2 sind als Unterstützungselemente geplant, indem in Aufgabe 1 zum einen für die Lernenden der Bezug zum Unterrichtsinhalt aus der vorhergehenden Unterrichtsstunde hergestellt wird und zum anderen auf ein eigenständiges Unterstützungselement verwiesen wird, das gegenüber der Unterrichtsmitschrift weitergehende Informationen liefert (vgl. Material 1 in Frage 4). Aufgabe 2 ergänzt Aufgabe 1 durch die Aufforderung zur Anwendung des vorherigen Lerninhalts auf einen einfachen Fall, der in fast identischer Form zuvor im Unterricht behandelt wurde. Damit wird bereits – vorbereitend auf Teilaufgabe 3 – ein möglicher Lösungsweg gezeichnet. Ziel der Teilaufgaben 1 und 2 ist es, über die Entwicklung und das Angebot von

Unterstützungselementen einer (hier recht rudimentären) Differenzierung von Aufgaben nach der Leistungsstärke der Lernenden Rechnung zu tragen.

Die Aufgabenstellung unterhalb der Darstellung des Aufgabenkontextes erfolgt nicht zufällig, sondern trägt den Ergebnissen fachdidaktischer Forschung Rechnung. Gerade wenn der Text in die Lösungsfindung mit einbezogen werden muss, sollten die Aufgaben unter dem Text stehen, da die Aufgabenstellung dann zu einem erneuten Durchdenken des Textes herausfordert und die Wahrscheinlichkeit einer vertieften Bearbeitung des Materials erhöht wird.

Operatoren (jeweils unterstrichen) legen fest, welche Antwort erwartet wird

Unterstützung 1: Verweis auf bereits erarbeitete Inhalte

Unterstützung 2: Zusatzmaterial für Leistungsschwächere

Unterstützung 3: Arbeitsanweisung, die nahen Transfer erfordert

Beispiel Aufgabenstellung

1. Stelle mithilfe der Unterrichtsmitschrift in deinem Heft das Prinzip der additiven Farbmischung in eigenen Worten dar. Wenn dir die Information im Heft nicht ausreicht, darfst du auf Material 1 zurückgreifen.
2. Markiere in der unten stehenden Abbildung, welche Zapfentypen im Wellenbereich von 550 nm erregt werden, und beschreibe, welchen Seheindruck ein gesunder Mensch haben wird.
3. Formuliere eine Hypothese, mit der erklärt werden kann, wie das Fehlen eines Zapfentyps zur Verwechslung von Rot-Grün-Tönen führen kann.
4. Farbsehschwache werden im Alltag oft als farbenblind bezeichnet. Erläutere einem Freund/einer Freundin, warum es falsch ist, Rot-Grün-Schwache farbenblind zu nennen.

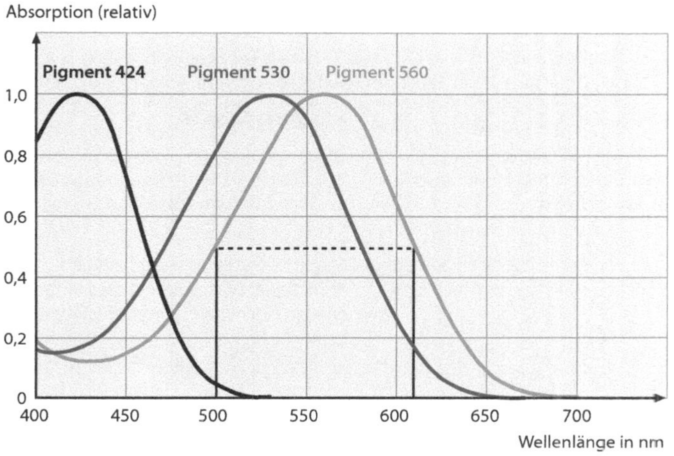

Abb. 32: Empfindlichkeit dreier Zapfentypen für Licht verschiedener Wellenlängen

Formulierung von Arbeitsanweisungen in Aufgabenstellungen: Die erfolgreiche Bearbeitung einer Aufgabe hängt wesentlich davon ab, ob die Arbeitsanweisungen für die Lernenden verständlich sind. Deren Verständlichkeit kann erhöht werden, indem im Unterricht eine überschaubare Zahl von Formulierungen für Arbeitsanweisungen eingeführt wird. Für jede dieser Formulierungen muss die jeweils unterschiedliche Zielsetzung geklärt werden (Tab. unten), um diese dann immer wieder in unterschiedlichen Kontexten und bei unterschiedlichen Themen zu üben.

Tipp: Operatoren können in einem Buch zusammengestellt werden

Die in einer Schule verwendeten Formulierungen können beispielsweise in einem kleinen Buch zusammengefasst und dann schrittweise über eines oder mehrere Schuljahre (von unterschiedlichen Kolleginnen und Kollegen bindend für das ganze Fach) eingeführt werden. Ganz nebenbei stellen verständliche Arbeitsanweisungen zudem Transparenz im Lernprozess her und haben damit auch eine wichtige Funktion für die Ausbildung einer positiven Schüler-Lehrer-Beziehung.

Formulieren von Hypothesen	
Damit ist gemeint, begründete Vermutungen aufzustellen. Die Begründung kann durch Beobachtungen, Untersuchungen, Experimente oder Aussagen erfolgen.	
Ablauf	**Verkürztes Beispiel**
Schritt 1: Erfasse den Sachverhalt entweder durch genaue Beobachtung oder Lesen und formuliere das Problem.	Es soll eine Hypothese dazu aufgestellt werden, wie das Fehlen eines Zapfentyps zur Verwechslung von Rot und Grün führen kann.
Schritt 2: Beschreibe die für die Hypothesenfindung notwendigen Elemente des Sachverhaltes.	Es gibt 3 verschiedene Zapfentypen. Jeder Zapfentyp hat sein Absorptionsmaximum in einem unterschiedlichen Wellenlängenbereich.
Schritt 3: Überlege, welche der dir bekannten Modelle zur Begründung einer Hypothese herangezogen werden können.	additive Farbmischung
Schritt 4: Wende das Modell zur Formulierung der Hypothese an. Achte darauf, dass deine Hypothese immer einen Aussagesatz darstellt.	Im Bereich roten Lichts absorbieren nur noch die Pigmente 530 und 560. Nach dem Prinzip der additiven Farbmischung müsste der Eindruck rot dadurch zustandekommen, dass ...

Tab. 12: Für die Sekundarstufe entwickelte Erläuterung des Operators „Formulierung von Hypothesen"

Operatoren erleichtern die Formulierung präziser Aufgabenstellungen. Ihre Anwendung muss geübt werden

Die Prädikate, die in der Aufgabenstellung im Beispiel zu Handlungen herausfordern („stelle dar", „beschreibe", „formuliere eine Hypothese", „erläutere"), werden als Operatoren bezeichnet. Operatoren werden von der KMK vorgeschlagen und von den Ländern mehr oder weniger unverändert übernommen. Die für Ihr Bundesland geltenden Operatoren finden Sie auf den Seiten des Kultusministeriums. Sie erlauben eine grobe Orientierung bezüglich des Kompetenzbereichs, auf den sich die Arbeitsanweisung bezieht. Eine eindeutige Zuordnung ist jedoch nicht in jedem Fall möglich, da viele Operatoren unterschiedliche Kompetenzbereiche ansprechen können („erörtern", „erklären", „darstellen", ...). Der Operator „erläutere" wird in Teilaufgabe 4 (siehe vorheriges Beispiel) beispielsweise im Rahmen des Kompetenzbereichs Kommunikation verwendet, da eine „Übersetzung" des Lerninhalts in eine für Laien verständliche Alltagssprache verlangt ist. In der Aufgabe zu Abb. 33 wird der gleiche Operator verwendet, um einen Struktur-Funktions-Zusammenhang zu erklären. Er wird folglich im Kompetenzbereich Fachwissen eingesetzt.

Operator	Beschreibung der erwarteten Leistung
Ableiten	Auf der Grundlage wesentlicher Merkmale sachgerechte Schlüsse ziehen
Analysieren und Untersuchen	Wichtige Bestandteile oder Eigenschaften auf eine bestimmte Fragestellung hin (auch praktisch) herausarbeiten
Auswerten	Daten, Einzelergebnisse oder andere Elemente in einen Zusammenhang stellen und ggf. zu einer Gesamtaussage zusammenführen
Begründen	Sachverhalte auf Regeln und Gesetzmäßigkeiten bzw. kausale Beziehungen von Ursachen und Wirkung zurückführen
Beschreiben	Strukturen, Sachverhalte oder Zusammenhänge strukturiert und fachsprachlich richtig mit eigenen Worten wiedergeben
Beurteilen/Stellung nehmen	Zu einem Sachverhalt ein selbstständiges Urteil unter Verwendung von Fachwissen und Fachmethoden formulieren und begründen
Bewerten/Stellung nehmen	Einen Gegenstand an erkennbaren Wertkategorien oder an bekannten Beurteilungskriterien messen
Darstellen	Sachverhalte, Zusammenhänge, Methoden usw. strukturiert und ggf. fachsprachlich wiedergeben
Deuten/Interpretieren	Fachspezifische Zusammenhänge in Hinblick auf eine gegebene Fragestellung begründet darstellen
Diskutieren/Erörtern	Argumente und Beispiel zu einer Aussage oder These einander gegenüberstellen und abwägen
Erklären	Einen Sachverhalt auf Regeln und Gesetzmäßigkeiten zurückführen sowie ihn nachvollziehbar und verständlich machen
Erläutern	Einen Sachverhalt veranschaulichend darstellen und durch zusätzliche Informationen verständlich machen
Hypothese aufstellen/entwickeln	Begründete Vermutung auf der Grundlage von Beobachtungen, Untersuchungen, Experimenten oder Aussagen formulieren
Nennen/angeben	Elemente, Sachverhalte, Begriffe, Daten ohne Erläuterungen aufzählen
Protokollieren	Beobachtungen oder die Durchführung von Experimenten detailgenau zeichnerisch einwandfrei bzw. fachsprachlich richtig wiedergeben
Skizzieren	Sachverhalte, Strukturen oder Ergebnisse auf das Wesentliche reduziert übersichtlich grafisch darstellen
Überprüfen	Sachverhalte oder Aussagen an Fakten oder innerer Logik messen und eventuelle Widersprüche aufdecken
Vergleichen	Gemeinsamkeiten, Ähnlichkeiten und Unterschiede ermitteln
Zeichnen	Eine möglichst exakte grafische Darstellung beobachtbarer oder gegebener Strukturen anfertigen
Zusammenfassen	Das Wesentliche in konzentrierter Form herausstellen

Tab. 13: Auswahl häufiger Operatoren zur Beschreibung von Tätigkeiten bei der Bearbeitung von Aufgaben (verändert nach KMK 2004b)

Operator ist hier dem Kompetenzbereich Fachwissen zuzuordnen

Beim fiktiven Lebewesen X konnte nur ein Zapfentyp nachgewiesen werden. Erläutere anhand der Abbildung, welches Problem das Tier hat, wenn Licht von zwei verschiedenen Wellenlängen auf das Auge trifft, die die gleiche relative Absorption aufweisen.

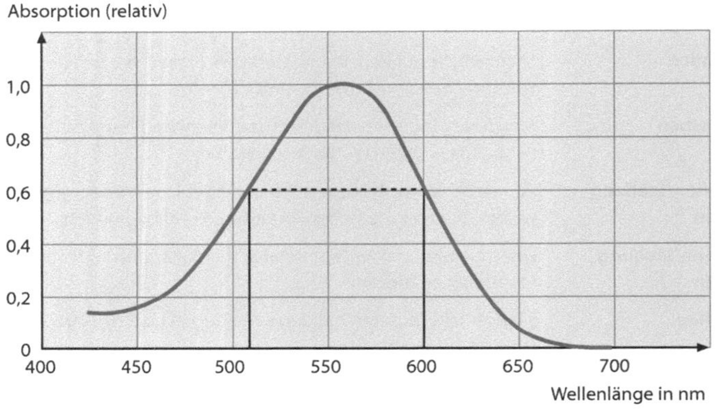

Abb. 33: Operatoren können unterschiedliche Kompetenzbereiche ansprechen

4. **Welche Kompetenzen sind bei Lernenden vorauszusetzen, um die Aufgabe lösen zu können? Welche Unterstützungselemente müssten eventuell zur Beantwortung eingeplant werden?**

Neben der Arbeitsanweisung entscheidet über eine erfolgreiche Aufgabenlösung unter anderem das Wissen der Lehrkraft über die Voraussetzungen, die die Lernenden zur Lösung einer Aufgabe benötigen. Die Lernvoraussetzungen betreffen mögliche vorunterrichtliche Vorstellungen der Lernenden und die für die Lösungsfindung notwendigen Kompetenzen. Gerade zu Beginn der Lehrtätigkeit ist es sinnvoll, die Voraussetzungen für die Aufgabenlösung zumindest stichwortartig bei der Planung der Aufgabe festzuhalten, um sie auf der Grundlage der Unterrichtsziele des vorangegangenen Unterrichts zu überprüfen. Im hier vorgestellten Fall müsste davon ausgegangen werden, dass die Lernenden

- das Prinzip der additiven Farbmischung in seinen Grundzügen verstanden haben,
- möglicherweise aber noch immer über lebensweltliche Vorstellungen zur Farbmischung (Wasserfarben) verfügen könnten,
- wissen, dass Menschen im Normalfall drei Zapfentypen mit unterschiedlichen Absorptionsverläufen besitzen.

Die Kenntnis der Lösungsvoraussetzungen ist notwendige Grundlage für die Konstruktion von Unterstützungselementen, weil sie der Lehrkraft ersten Aufschluss über die Aufgabenschwierigkeit gibt. Für die Entwicklung der Unterstützungselemente muss zusätzlich die in jeder Klasse vorhandene Leistungsheterogenität bedacht werden. Es ist daher sinnvoll, an Unterstützungselemente für jede der notwendigen Voraussetzungen zur Lösung der Aufgabe zu denken.

Unterschiedlich schwierige Aufgaben können entweder farbkodiert werden oder mit einer unterschiedlichen Zahl von Hilfestellungen versehen werden

Bei hoher Aufgabenschwierigkeit oder großer Leistungsheterogenität erscheint es sinnvoll, zusätzlich zu den Unterstützungselementen in Aufgabenkontext und Aufgabenstellung eigenständige Hilfestellungen zu planen. Über diese können inhaltliche Impulse oder Bearbeitungshinweise gegeben werden. Das unten gezeigte „Material 1" stellt ein Beispiel dafür dar, wie durch eine inhaltliche Hilfe eine Leistungsdifferenzierung möglich wird. Unterschiedlich schwierige Aufgaben können sich also in der Zahl der Hilfen unterscheiden. Alternativ dazu ist es aber auch möglich, alle Aufgaben mit der gleichen (geringen) Zahl an Hilfen auszustatten und den Schwierigkeitsgrad stattdessen durch eine andere Symbolik (z. B. durch die Wahl unterschiedlicher Farben) hervorzuheben und damit unterschiedliche Schülergruppen einer Klasse anzusprechen.

Hilfen können sich in Anzahl oder Schwierigkeitsgrad unterscheiden

Material 1
Um die Farbe eines Lichtreizes zu bestimmen, wird das Verhältnis der Erregung aller drei Zapfentypen herangezogen. Der Farbeindruck Blau entsteht, wenn die K-Zapfen stark, M-Zapfen wenig und die L-Zapfen gar nicht erregt werden …

Beispiel für ein Unterstützungselement in Form eines zusätzlichen Informationsblatts

Wie schwierig ist eine Aufgabe? Zu einer groben Bestimmung der Aufgabenschwierigkeit kann auf das zweidimensionale Kompetenzstrukturmodell der Bildungsstandards zurückgegriffen werden (siehe Tab. 14). Auf der X-Achse sind darin die vier Kompetenzbereiche aufgetragen, auf der Y-Achse sogenannte Anforderungsbereiche. Die Anforderungsbereiche beschreiben ein normativ festgelegtes Maß für die kognitive Anforderung, die zum Lösen der Aufgabe notwendig erscheint. Sie sind seit langem im Gebrauch und werden im Alltag häufig mit *Reproduktion, Anwendung* und *Transfer* umschrieben. Reproduktion verlangt den Abruf von Wissen und/oder Methoden und Fertigkeiten aus dem Langzeitgedächtnis in unveränderter Form (siehe Aufgabenstellungen zu Beginn des Kapitels 4.7).

Anforderungsbereiche	Kompetenzbereiche: Fachwissen	Erkenntnisgewinnung/Fachmethoden	Kommunikation	Bewertung/Reflexion
I	Kenntnisse und Konzepte zielgerichtet wiedergeben	bekannte Untersuchungsmethoden und Modelle beschreiben, Untersuchungen nach Anleitung durchführen	bekannte Informationen in verschiedenen fachlich relevanten Darstellungsformen erfassen und wiedergeben	vorgegebene Argumente zur Bewertung eines Sachverhalts erkennen und wiedergeben
II	Kenntnisse und Konzepte auswählen und anwenden	geeignete Untersuchungsmethoden und Modelle zur Bearbeitung überschaubarer Sachverhalte auswählen und anpassen	Informationen erfassen und in geeigneten Darstellungsformen situations- und adressatengerecht veranschaulichen	geeignete Argumente zur Bewertung eines Sachverhalts auswählen und nutzen
III	komplexere Fragestellungen auf der Grundlage von Kenntnissen und Konzepten planmäßig und konstruktiv bearbeiten	geeignete Untersuchungsmethoden und Modelle zur Bearbeitung unbekannter Sachverhalte begründet auswählen und anpassen	Informationen auswerten, reflektieren und für eigene Argumentationen nutzen	Argumente zur Bewertung eines Sachverhalts aus verschiedenen Perspektiven abwägen und Entscheidungsprozesse reflektieren

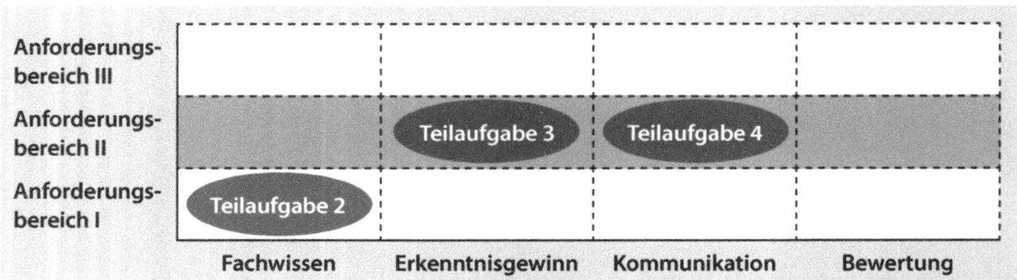

Tab. 14: Anforderungsbereiche der Bildungsstandards, verändert durch Leisen *(2006), eingefügt Kompetenz- und Anforderungsbereiche für die Teilaufgaben 2–4 der Beispielaufgabe. In den Bildungsstandards für die Sekundarstufe II ist der Kompetenzbereich „Fachkompetenz" durch „Sachkompetenz" ersetzt (KMK 2020).*

Aufgaben, die eine Anwendung erfordern, liegen dann vor, wenn der Kontext der Aufgabe Hinweise darauf enthält, welche der bereits erlernten Kompetenzen zur Anwendung kommen sollen. Die Anwendung von Kompetenzen in neuen, unbekannten Kontexten charakterisiert Transfer. Dazu zählt auch die Planung eigenständiger Lösungen (z. B. die Entwicklung eigenständiger Versuchsplanungen).

Teilaufgabe 2 aus der vorliegenden Beispielaufgabe („beschreibe, welchen Seheindruck ein gesunder Mensch haben wird") wäre dann dem Kompetenzbereich Fachwissen und dem niedrigsten Anforderungsbereich I zuzuordnen, weil ausschließlich Kenntnisse wiedergegeben werden sollen (siehe Tab. 14 unten). Teilaufgabe 3 wäre dem zweiten Anforderungsbereich aus dem Kompetenzbereich Erkenntnisgewinnung zugehörig, da eine Hypothese auf Grundlage des verfügbaren Wissens formuliert werden soll. Auch Teilaufgabe 4 wäre dem Anforderungsbereich II, aber dem Kompetenzbereich Kommunikation zuzurechnen, weil für die Aufgabenstellung eine Übersetzung der Fachsprache in die Alltagssprache verlangt wird.

Aufgaben mit hoher Lösungsrate sind auf Dauer am lernwirksamsten

Die Anforderungsbereiche bilden die Schwierigkeit einer Aufgabe stellenweise aber nur unzureichend ab. So wird beispielsweise die Kompetenz „Kenntnisse und Konzepte zielgerichtet wiedergeben und mit Konzepten verknüpfen" (KMK 2004, S. 17) dem Anforderungsbereich I zugerechnet, obwohl darin zwei unterschiedlich komplexe Anforderungen enthalten sind. Es ist daher sinnvoll, das Kompetenzstrukturmodell der Bildungsstandards um das für Aufgaben grundlegende Merkmal der Komplexität zu ergänzen. Komplexität beschreibt den Grad der inhaltlichen Vernetztheit einer Aufgabe. KAUERTZ ET AL. (2010) stellen hierfür fünf (Kompetenz-)Stufen aufsteigender Komplexität vor:

1. Nennen eines Fakts,
2. Nennen von zwei Fakten,
3. Herstellung eines Zusammenhangs,
4. Verknüpfung von Zusammenhängen,
5. Anwendung eines Konzepts.

Die vorliegende Beispielaufgabe erfordert in Teilaufgabe 3 die Berücksichtigung mehrerer Fakten (Existenz von drei Zapfentypen; unterschiedlicher Absorptionsverlauf der Zapfentypen; Addition der Erregungen der einzelnen Zapfentypen). Diese Fakten müssen zueinander und mit einem Konzept (additive Farbmischung) in Beziehung gesetzt werden, um eine geeignete Hypothese zur Erklärung der verschobenen Farbwahrnehmung bei Rot-Grün-Schwäche aufstellen zu können. Es handelt sich in unserem Beispiel um eine Aufgabe von hoher Komplexität, deren Beantwortung für die

Eher leichte Aufgaben mit hoher Erfolgsrate sind auf Dauer am erfolgreichsten

Lernenden schwierig sein wird und daher durch Unterstützungselemente unterfüttert werden muss. Im Hinblick auf die Wirksamkeit von Aufgaben für den Lernprozess gilt, dass eher leichte Aufgaben, die den Lernenden eine hohe Erfolgsrate ermöglichen, auf Dauer am erfolgreichsten sind (vgl. JATZWAUK 2007).

5. Wie soll eine Rückmeldung zu den Aufgabenlösungen erfolgen?
Da die Bearbeitung von Aufgaben im kompetenzorientierten Unterricht breiteren Raum einnimmt, als das im Biologieunterricht über lange Zeit der Fall gewesen ist, gilt dies auch für die Rückmeldung zu den erarbeiteten Lösungen. Rückmeldungen dürfen nicht auf den Vermerk richtig oder falsch beschränkt bleiben, sondern müssen zumindest über die richtige Lösung informieren. Noch besser ist es, wenn Lösungen diskutiert, kommentiert, hinterfragt und für den weiteren Unterrichtsverlauf genutzt werden. Rückmeldungen zu Aufgabenlösungen können mündlich wie schriftlich erfolgen. Lösungen können zwischen den Lernenden diskutiert, kommentiert und zur Nachbearbeitung zurückgegeben werden. Sie können mit Beispiellösungen der Lehrkraft verglichen und überarbeitet werden (weitere Methoden in SPÖRHASE 2018). Mit Ausnahme von Leistungsphasen ist es besonders wichtig, dass Fehler, die bei der Bearbeitung der Aufgabe auftreten, nicht gebrandmarkt, sondern als Schwerpunkt für weitere Aufgabenstellungen herangezogen werden. Wenn in unserem Beispiel Lernende Schwierigkeiten haben, geeignete Hypothesen zu formulieren, kann dies als Anlass genommen werden, auch in künftigen Unterrichtsstunden hierauf einen Schwerpunkt zu legen.

Sinnvolle Lehrerrückmeldungen geben keine Lösung vor, sondern helfen, einen Lösungsweg zu finden

Während der Arbeit an den Aufgaben gilt: Ein Eingriff kommt nur dann in Frage, wenn die Lernenden erstens Hilfe wollen und die Lehrkraft zweitens den Eindruck hat, dass die Lernenden ohne Unterstützung in der Bearbeitung nicht weiterkommen werden. Wenn nur die erste Bedingung erfüllt ist, genügt eine wohlwollende Aufforderung zur Weiterarbeit vonseiten der Lehrkraft. Die Unterstützung sollte dem *Prinzip der minimalen Lernhilfe* folgen, das bedeutet, dass die Lehrkraft Hinweise zu einem sinnvollen Lösungsweg gibt, sich mit Hinweisen zu Lösungen aber zurückhält. Lernende empfinden lösungsorientierte Rückmeldungen eher als eine Bedrohung, die den weiteren Bearbeitungsprozess hemmen kann (vgl. HASCHER/HOFMANN 2008).

Aufgaben variieren

Aufgaben müssen nicht immer gleich aussehen. Je nach Zielsetzung können Aufgaben unterschiedliche Formen annehmen. Nachfolgend ist dies für den Kompetenzbereich Erkenntnisgewinnung gezeigt. So experimentieren in der von uns vorgestellten Unterrichtseinheit die Lernenden zur Erarbeitung der optischen Eigenschaften des Auges mit einer optischen Bank (vgl. Kap. 2, 3 und 4.5). Eine mögliche Aufgabe könnte lauten:

> **Beispiel: Einfach gestaltete Lernaufgabe**
> Aishe und Daniel haben eine Hypothese aufgestellt, um zu erfahren, wie wir es schaffen, Gegenstände sowohl in großer als auch in sehr geringer Entfernung scharf zu sehen.
> *Hypothese:* Die Linse kann ihre Form und damit ihre Brechkraft verändern.
> *Aufgabe:* Entwickelt an der optischen Bank einen Versuchsansatz, mit dem ihr die Hypothese der beiden überprüfen könnt.

Es handelt sich hierbei um eine einfach gestaltete, recht offene Lernaufgabe, die zur selbstständigen Erarbeitung des Unterrichtsinhalts herausfordert. Die Aufgabe kann dahingehend variiert werden, dass Hypothesen und/ oder Versuchsansätze vorgegeben werden, die von den Lernenden auf ihre Richtigkeit überprüft werden können. Hierfür ist festzuhalten, dass es Lernenden gerade am Anfang leichter fällt, sich mit Fehlern fiktiver Personen produktiv auseinanderzusetzen als mit Fehlern von Mitschülern oder möglichen eigenen Fehlern.

> **Beispiel: Aufgabenvariation „Fehler erklären und verbessern"**
> Um zu erfahren, wie wir es schaffen, Gegenstände sowohl in großer und sehr geringer Entfernung scharf zu sehen, entwickeln Alex und Chiara folgende Hypothese: Das Auge stellt sich auf die unterschiedliche Entfernung eines Gegenstands ein, indem es die Öffnungsweite der Pupille verändert.
> Sie planen zur Überprüfung ihrer Hypothese folgenden Modellversuch mit einer optischen Bank. Sie benutzen einen Vorsatz mit kleiner Blendenöffnung, stellen den abzubildenden Gegenstand sehr weit von der Projektionsfläche entfernt auf und notieren ihre Beobachtung. Anschließend benutzen sie einen Vorsatz mit großer Blendenöffnung und stellen den Gegenstand nah an die Projektionsfläche.

Aufgabe:
1. Formuliert eine geeignete Fragestellung für das von Alex und Chiara durchgeführte Modellexperiment.
2. Alex' und Chiaras Hypothese ist nicht geeignet, deren Fragestellung zu beantworten. Erklärt, warum die Hypothese sich nicht zur Beantwortung eignet.
3. Entwickelt eine eigene Hypothese, mit der ihr die Fragestellung beantworten könnt.

Analog zum gezeigten Beispiel kann mit allen Teilschritten des Experimentierens verfahren werden. In der Summe können

- Fragestellungen zu einer Hypothese entwickelt,
- Hypothesen zu einer gegebenen Fragestellung entwickelt,
- Fragestellungen zu einem vorgestellten Ergebnis eines Experiments entwickelt,
- Planungen zu Hypothesen entwickelt,
- Deutungen zu gegebenen Protokollen formuliert,
- vorgelegte Deutungen auf ihre Richtigkeit überprüft siehe folgendes Beispiel: Aufgaben mit unterschiedlichem Antwortformat oder
- unterschiedliche Deutungen im Hinblick auf ihr Zutreffen verglichen werden.

Das alles kann zu Real-, Modell- und Gedankenexperimenten geschehen, teilweise können die Ergebnisse der Aufgaben in Dialoge oder Rollenspiele umgesetzt werden und vieles mehr. Der Wechsel der Darstellungsform (Übersetzung eines Textes in ein Diagramm oder umgekehrt, Anfertigung eines Comics zu einem Versuchsablauf, Verfassen einer Erläuterung oder Begründung für eine bestimmte Zielgruppe) ist ein hilfreiches Werkzeug, um Kompetenzen im Bereich Kommunikation zu erlernen. Ein breites Angebot an Ideen hierzu findet sich beispielsweise bei Spörhase (2018).

Unterschiedliche Aufgabenformate nutzen

Während die bisher angesprochenen Aufgabenvariationen die zu fördernde(n) Kompetenz(en) in den Blick genommen haben, dient die Variation des Aufgabenformats vornehmlich einer abwechslungsreichen Gestaltung von Aufgaben. Unterschieden werden drei Formate (vgl. Graf 2001):

1. Offene Aufgaben sind dadurch gekennzeichnet, dass weder Lehrkraft noch Lernende alle möglichen Aufgabenlösungen kennen. Beispiele hierfür sind die Aufgabe aus dem vorletzten oder Aufgabe 1 aus dem letzten Beispiel sowie Aufgabe a) aus dem folgenden Beispiel.

2. Bei halboffenen Aufgaben sind die Aufgabenlösungen der Lehrkraft bekannt, nicht aber den Lernenden. Hierzu zählen alle anderen Aufgabenbeispiele bis hierhin.
3. Bei geschlossenen Aufgaben kennt die Lehrkraft die Aufgabenlösungen und den Lernenden sind alle zur Lösung notwendigen Fakten im Rahmen der Aufgabe gegeben. Dazu zählen z. B. Rätselaufgaben (Kreuzworträtsel, Wortsalate), Lückentexte (sofern die einzusetzenden Wörter beigefügt werden, aus denen die Lernenden die zutreffenden auswählen müssen; auch als Ergänzungswahlaufgaben bezeichnet), Multiple-Choice-Aufgaben (bei denen aus einer vorgegebenen Anzahl von Antworten eine oder mehrere zutreffende ausgewählt werden müssen), Zu- und Umordnungsaufgaben, bei denen vorgegebene Elemente zugeordnet oder in eine korrekte Reihenfolge gebracht werden müssen.

Auf einer allgemeinen Ebene lässt sich festhalten, dass Lernende Aufgaben, die eine freie Antwort erfordern, als schwieriger empfinden als geschlossene Aufgaben, bei denen die Antwortmöglichkeiten vorgegeben sind.

Beispiel: Aufgaben mit unterschiedlichem Antwortformat
a: offene Aufgabe, b: Antwortauswahlaufgabe (Multiple Choice),
c: Ergänzungswahlaufgabe, d: Umordnungsaufgabe

Aufgabe a: Einige Jahrhunderte vor Christus stellte man sich in Griechenland Sehen so vor: Da Gegenstände außerhalb des Auges liegen, muss auch das Sehen außerhalb des Auges stattfinden. Um etwas zu sehen, sendet daher das Auge lichtartige Strahlen aus; das Auge wäre also mit einer Lichtquelle vergleichbar. Die Strahlen berühren dann einen Gegenstand und lassen ihn auf diese Weise sichtbar werden.

Diese Aufgabe greift eine verbreitete Schülervorstellung auf, wonach Sehen vom Auge ausgeht

Überprüft in der Gruppe die Erklärung der alten Griechen für den Sehvorgang auf ihre Richtigkeit, indem ihr euch ein Experiment überlegt, mit dem diese Erklärung hinterfragt werden kann.

Aufgabe b: Welche der Aussagen ist/sind korrekt?
- Stäbchen dienen dem Sehen im Dunkeln
- Stäbchen dienen dem Sehen im Hellen
- Mit den Stäbchen können nur wenige Farben unterschieden werden.
- Mit den Stäbchen können nur Grautöne unterschieden werden.

Aufgabe c: Die Netzhaut des Menschen enthält verschiedene Zelltypen. __________ und __________ ermöglichen erst die Wahrnehmung von Lichtreizen. Die Lichtsinneszellen unterscheiden sich im Bau ihres _________.

Setze richtig ein: Opsin, Stäbchen, Zapfen.

Aufgabe d: Reiz, Erregung und mentales Erlebnis stehen in einem bestimmten Verhältnis zueinander. Ordne die gegebenen Kästen in einer sinnvollen Reihenfolge.

mentales Erlebnis	Transduktion	Konstruktion	neuronale Erregung	physikalischer Reiz

Checkliste zur Entwicklung von Aufgaben

1. Ablauf
- Welche Kompetenz(en) soll(en) durch die Bearbeitung der Aufgabe gefördert werden?
- Welcher Kontext eignet sich, um mit der Aufgabe die gewählte(n) Kompetenz(en) zu fördern?
- Wie sollte die Aufgabenstellung im Hinblick auf die zu fördernde(n) Kompetenz(en) formuliert und in welcher Reihenfolge sollten mögliche Teilaufgabenstellungen angeordnet werden?
- Welche Kompetenzen sind bei Lernenden vorauszusetzen, um die Aufgabe lösen zu können? Welche Unterstützungselemente müssten eventuell zur Beantwortung eingeplant werden?
- Wie soll eine Rückmeldung zu den Aufgabenlösungen erfolgen?

2. Fachliche Richtigkeit
- Ist die Aufgabe fachlich korrekt?

3. Textverständlichkeit
- Sind den Lernenden die verwendeten Fach- oder Fremdwörter bekannt?
- Sind die Fach- oder Fremdwörter grundlegend und notwendig oder lassen sie sich durch zugänglichere Formulierungen ersetzen?
- Sie die Informationen im Aufgabenkontext notwendig oder erhöhen sie möglicherweise die Schwierigkeit der Aufgabe?
- Wurde auf sprachliche Einfachheit geachtet (kurze Sätze mit klarem Satzaufbau)?
- Wurden Operatoren verwendet, die den Lernenden hinreichend bekannt sind?
- Wird aus der Aufgabenstellung klar, welche Arbeitsschritte in welcher Reihenfolge zu bearbeiten sind?

4. Organisation
- Wird aus der Aufgabenstellung klar, wie die Ergebnisse dargestellt werden sollen? (Bei Gruppenarbeiten: Wird klar, wer welche Funktion übernehmen soll?)
- Wurde eine sinnvolle Abschätzung der Bearbeitungszeit der Aufgabe vorgenommen?

Biologieunterricht reflektieren

Ulrike Spörhase

5

Eine Reflexion und Evaluation des Unterrichts betrachtet die Lernleistung der Lernenden und die Lehrleistung der Lehrkräfte. Die Lernleistung der Lernenden umfasst, was diese durch den Unterricht gelernt haben. Die Lehrleistung der Lehrperson bezieht sich auf die Planung und Durchführung von Unterricht. Ihre Reflexion dient somit der Überprüfung, was Lernende gelernt haben, welche Aspekte des geplanten Unterrichts gelungen sind, welche verändert werden sollten und wie man es hätte besser machen können. Eine Grundlage für die Reflexion ist die Evaluation des Unterrichts. Als Evaluation wird eine Bewertung des Unterrichts durch Lernende und Fachkollegen bezeichnet. Reflexion und Evaluation fördern die Kompetenzentwicklung der Lernenden und Lehrenden und sind notwendig für eine Qualitätssicherung von Unterricht.

5.1 Lernen begleiten und bewerten

Unterricht braucht benotungsfreie Lernräume

Rückmeldung fördert Lernen

Lernen durch differenzierte Rückmeldungen fördern

Gelernt wird im Unterricht durch Instruktion und Rückmeldungen zu den Lernergebnissen. Diese Rückmeldungen sind Informationen, die z. B. von einer Lehrkraft, einem Peer oder Buch in Bezug auf Aspekte der eigenen Leistung oder des eigenen Verständnisses gegeben werden. Sie umfassen die punktuelle Erfassung von Lernständen bei der Leistungsmessung (Statusdiagnostik, z. B.: Tests, Zeugnisse) und den Lernprozess begleitende Rückmeldungen zu den Ergebnissen der Lernenden (Prozessdiagnostik, z. B. Ergebnissicherung im Unterricht, vgl. von Aufschnaiter et al. 2015). Insbesondere prozessbegleitende Rückmeldungen ermöglichen, Lernschwierigkeiten zu diagnostizieren und eine adäquate Förderung zu planen. Die hohe Wirksamkeit von Rückmeldungen auf die Leistungen der Lerner sind dokumentiert (Hattie 2014, Hattie/Timperley 2007), wobei die Wirksamkeit nach Art der Rückmeldung variiert. Am wirksamsten erscheinen Rückmeldungen zu dem Bearbeitungsprozess (z. B. strategisches Vorgehen) und der Selbstregulation (z. B. Selbstüberprüfung und Steuerung des Vorgehens) gefolgt von Rückmeldungen zu einer Aufgabe (z. B. richtig – falsch). Rückmeldungen zur Bewertung der Person bezüglich des Lernens, wie z. B. „du bist ein guter Lerner“ erscheinen nicht wirksam zu sein und sollten nicht mit den anderen Rückmeldungen verknüpft werden.

Allgemein ist heute anerkannt, dass im Unterricht klar zwischen Lernprozess begleitenden Rückmeldungen und Leistungsbeurteilungen unterschieden werden sollte, um benotungsfreie Lernräume zu schaffen. Denn nur so ist es möglich, dass Lernende Fehler machen können, ohne durch schlechte Noten für diese „bestraft“ zu werden. Auch können nur so Verstehensprobleme produktiv für den weiteren Unterrichtsverlauf genutzt werden, z. B. durch gezielte Aufgabenstellungen (vgl. Kap. 4.7, Beispiel: Aufgabenvariation „Fehler erklären und verbessern“).

Rückmeldungen zu den Lernergebnissen begleiten das Lernen, indem sie Lehrpersonen ein Feedback über ihren Lehrerfolg und den Lernenden über ihren Lernerfolg geben. Der Lehrperson wird durch diese Kontrollen bewusst, was von den zuvor gesetzten Lehrzielen und Kompetenzen erreicht worden ist und wo noch Lücken im Wissen und Können vorhanden sind. Hieraus ergeben sich Hinweise für mögliche Konsequenzen für die weitere Unterrichtsplanung. Die Lernenden erfahren durch Ergebniskontrollen ihren Kompetenzzuwachs, indem sie erkennen, was sie bereits können und was sie noch lernen müssen, um ihre Lücken zu schließen. Dafür sind spezielle Rückmeldungsformen nötig.

Aufgrund der hohen Wirksamkeit von Rückmeldungen zur Selbstregulation haben wir vor dem Hintergrund der Bildungsstandards eine Checkliste entwickelt (s. unten). Diese kann die Lehrkraft für eine zeitsparende, differenzierte Rückmeldung und der Lerner für eine Selbstreflektion nutzen. Lernende können entsprechend dieser Rückmeldung gezielt an ihren Schwächen arbeiten und bei wiederholtem Einsatz ihr Kompetenzwachstum erfahren.

	Das macht dir Schwierigkeiten, du solltest verstärkt daran arbeiten.	Das macht dir gelegentlich Schwierigkeiten, du solltest daran arbeiten.	Das beherrschst du recht gut, kannst dich aber noch verbessern.	Das beherrschst du sehr gut – weiter so!
Textverständnis und Nutzung von Information				
• Du verstehst Arbeitsaufträge richtig und setzt sie korrekt um (Operatoren und Signalwörter).				
• Du kannst die Bedeutung von Fakten und Zusammenhängen erkennen.				
• Du kannst wichtige Aussagen in einem Text erkennen.				
• Du kannst Zusammenhänge erkennen und richtig umsetzen.				
• Du kannst Begriffe richtig anwenden.				
• Du kannst dir eigenständig Information beschaffen und nutzen.				
Fachwissen				
• Du kannst naturwissenschaftliche Phänomene genau beschreiben.				
• Du kannst naturwissenschaftliche Prinzipien erkennen und erklären.				
• Du erkennst Bezüge, Abläufe und Zusammenhänge.				
• Du kannst biologische Inhalte sachgerecht wiedergeben (schriftlich/mündlich).				
• Du kannst Gelerntes anwenden und übertragen.				
• Du kannst Gesetzmäßigkeiten und Prinzipien erkennen.				
Denk- und Arbeitsweisen				
• Du setzt Arbeitsweisen sinnvoll und richtig ein.				
• Du betrachtest genau.				
• Du kannst Dinge gut vergleichen.				
• Du beobachtest genau.				
• Deine Untersuchungen sind sachgerecht.				
• Du hast das Wesentliche des Experimentierens verstanden.				
• Du kannst die fachgemäßen Arbeitsweisen. voneinander unterscheiden.				

	Das macht dir Schwierigkeiten, du solltest verstärkt daran arbeiten.	Das macht dir gelegentlich Schwierigkeiten, du solltest daran arbeiten.	Das beherrschst du recht gut, kannst dich aber noch verbessern.	Das beherrschst du sehr gut – weiter so!
• Du kannst den Einsatz von Arbeitsweisen protokollieren.				
• Du kannst Ergebnisse richtig interpretieren.				
• Du kannst Modelle interpretieren, beurteilen und für Erklärungen heranziehen.				
• Du kannst Originalabbildungen (Zeichnungen, Schemata, Abdrücke) beschreiben und interpretieren.				
• Du kannst Abbildungen, Diagramme, Tabellen lesen und auswerten.				
• Du kannst Abbildungen, Diagramme, Tabellen richtig beschriften und anfertigen.				
• Du kannst Ergebnisse erkennen, erarbeiten, veranschaulichen und mit ihnen argumentieren.				
Bewertung				
• Du kannst Sachverhalte erläutern und bewerten.				
• Du kannst Sachverhalte in neuen Zusammenhängen erklären und bewerten.				
• Du kannst eigenständig und begründet Stellung nehmen				

Tab. 15: Lernen begleiten: Lernerfolge und Lernschwierigkeiten rückmelden (Tabellenentwurf: W. FELLER/U. SPÖRHASE)

Zur Förderung der Selbststeuerung des eigenen Lernprozesses sollten Lernende selbst ihre Ergebnisse überprüfen können. Dies müssen die Lernenden jedoch zunächst schrittweise erlernen, dabei sollten im Unterricht das Vorgehen und die Probleme bei der Selbstkontrolle thematisiert werden. So können die zu kontrollierenden Ergebnisse im Laufe der Zeit immer komplexer werden. Bei Papier-und-Bleistift-Aufgaben kann die Selbstkontrolle anhand von begründeten Musterlösungen oder bei Präsentationen und projektartigem Arbeiten anhand von Checklisten zur Durchführung erfolgen (z. B. FRICKE/SPÖRHASE 2018, FRICKE 2018). Rückmeldungen und Checklisten sollten in der Klasse diskutiert und ggf. überarbeitet werden (vgl. Kap. 4.7, Frage 5: Wie soll eine Rückmeldung zu den Aufgabenlösungen erfolgen?). Die Selbstkontrolle der Lernergebnisse durch die Lernenden unterstützt deren individuellen Kompetenzaufbau, schafft private bewertungsfreie Räume, fördert die Übernahme von Verantwortung für den eigenen Lernprozess und damit das selbstgesteuerte Lernen. Gleichzeitig werden die erwarteten Leistungen transparent. Anhand der *Rückmeldungen* sollte es den Lernenden möglich sein, ihren Leistungsstand einzuschätzen, damit sie sich Ziele für anstehende Leistungsbeurteilungen setzen können.

Leistungsbewertungen erfüllen verschiedene Funktionen

In diesem Kontext ist es wichtig, sich zu vergegenwärtigen, dass *Leistungsbewertungen* – im Gegensatz zu Rückmeldungen im Lernprozess – über die Feedback-Funktion hinaus weitere Funktionen erfüllen. Sie

- prognostizieren den weiteren Lernerfolg,
- berichten über den Kompetenzstand,
- motivieren zum Weiterlernen,
- legitimieren Versetzungen und Schulabschlüsse,
- dienen der Selbstdarstellung, Kontrolle, Disziplinierung und
- stabilisieren das System Schule (vgl. BECKER 2007).

Bezüglich allgemeiner Anforderungen an Leistungsüberprüfungen verweisen wir auf SPÖRHASE (2012b, 276 f.).

Mit Lernaufgaben für Prüfaufgaben üben

Auch wenn *Leistungsbewertungen* und *Rückmeldungen* im Lernprozess im Unterricht getrennt voneinander durchgeführt werden, dürfen die Aufgabentypen zur Leistungsmessung keine Überraschung für die Lernenden sein, sondern sie sollten mit diesen vertraut sein. Mit anderen Worten: Mit Lernaufgaben, die verschiedenartige Unterstützungen haben können, wird gezielt für Prüfaufgaben geübt.

Schauen Sie sich hierfür noch einmal die Lernaufgabe zum Farbensehen an (Kap. 4.7, Beispiel Aufgabenstellung). Durch Weglassen der Unterstützungen und kleine Umformulierungen der Teilaufgaben 1 und 2 kann daraus leicht eine Prüfaufgabe konstruiert werden (siehe unten). Die Teilaufgaben 3 und 4 können dabei in der ursprünglichen Form erhalten bleiben.

Aus einer Lernaufgabe eine Prüfaufgabe konstruieren

Prüfaufgabe

1. Erkläre das Prinzip der additiven Farbmischung.
2. Beschreibe, welchen Seheindruck ein gesunder Mensch im Wellenbereich von 550 nm haben wird.

Bezugsnormen der Leistungsmessung

Soll die Leistung der Lernenden z. B. in einer Klassenarbeit beurteilt werden, bedarf es eines Standards, an dem die Leistung gemessen wird. Diese Standards werden nach HECKHAUSEN (1974) *Bezugsnormen* genannt. Bei dieser Leistungsbewertung können drei unterschiedliche Bezugsnormen unterschieden werden: die *sachliche,* die *individuelle* und die *soziale Bezugsnorm* (RHEINBERG 2008).

Die *sachliche Bezugsnorm* bezieht sich darauf, was bewertet wird, und ist für den Biologieunterricht durch die von der KMK vorgegeben Standards für die Abschlüsse in der Sekundarstufe I (KMK 2004, 2024) und das Abitur (KMK 1989, 2020) vorgegeben. Diese Standards weisen Kompetenzbereiche und *Anforderungsbereiche* aus (siehe Kap. 4.7, Tab. 14). Mit den verschiedenen Kompetenzbereichen werden verschiedene Bereiche des Wissens und Könnens beschrieben, die unterschiedliche Lernprozesse mit verschiedenartigen Aufgabenstellungen erfordern. Ebenso wie bei Lernaufgaben (siehe Kap. 4.7) müssen bei Prüfaufgaben zur Leistungsmessung spezifische Aufgaben für die jeweiligen vier Kompetenz- und drei Anforderungsbereiche konstruiert werden.

Es kann niemals alles abgeprüft werden

Eine gleichzeitige intensive Förderung aller Kompetenz- und Anforderungsbereiche ist eine Illusion. Denn im Unterricht werden themenabhängig die jeweiligen Kompetenzbereiche mit verschiedener Intensität gefördert. Zudem müssen die Lernenden zunächst die Fakten, Konventionen, Benennungen, Begriffe und Prinzipien kennen, ehe sie diese verstehen, anwenden und auf andere Kontexte übertragen können. Das führt dazu, dass in der Unterrichtspraxis die meisten Aufgaben dem Anforderungsbereich I, etwa 30 % dem Anforderungsbereich II und meist weniger als 20 % dem Anforderungsbereich III zuzuordnen sind.

Verschiedene Kompetenz- und Anforderungsbereiche abprüfen

Die *soziale Bezugsnorm* bezieht sich auf das Resultat. Sie vergleicht das Resultat eines oder einer einzelnen Lernenden mit der Bezugsgruppe, d. h. der jeweiligen Klasse oder bei Vergleichsarbeiten der jeweiligen Jahrgangsstufe einer Schulform.

Überprüfen Sie jeweils, was in der konkreten Situation wichtiger ist: soziale oder individuelle Bezugsnorm

Die *individuelle Bezugsnorm* vergleicht das jetzige Resultat eines Individuums mit seinem zu einem vorherigen Zeitpunkt erzielten Ergebnis. Sie beschreibt also den individuellen Lernfortschritt, der gut durch eine Selbstevaluation der Lernenden, z. B. in Form eines Lerntagebuches, dokumentiert werden kann. Eine Zunahme des individuellen Lernfortschritts sollte insbesondere bei leistungsschwachen Lernenden beachtet und wertschätzend unterstützt werden, da ein großer Lernzuwachs, der ggf. mit viel Anstrengung verbunden ist, nicht per se zu einer besseren Note in den Klassenarbeiten führt. Neben den Bezugsnormen gibt es weitere Anforderungen an Testverfahren. Hier verweisen wir auf SPÖRHASE (2012b).

Zusammensetzung der Zeugnisnote

Die Leistungsbewertung im Biologieunterricht bezieht sich auf mündliche Äußerungen und beobachtetes komplexes Verhalten sowie auf schriftliche Äußerungen der Lernenden, wobei entweder der aktuelle Leistungsstand (z. B. Projektprüfung, Klassenarbeit) oder der Lernprozess (z. B. mündliche Beteiligung im Unterricht, Facharbeit) bewertet wird. Entsprechend der Vorgabe durch die Richtlinien wird traditionell zwischen der mündlichen und schriftlichen *Mitarbeit im Unterricht* und der *schriftlichen Leistung*, die sich z. B. aus Tests, Klassenarbeiten und Facharbeiten zusammensetzt, unterschieden. Die Gewichtung der mündlichen und schriftlichen Mitarbeit und der schriftlichen Leistung zur Ermittlung der Gesamtnote für den Unterricht ist nicht bundeseinheitlich geregelt. Hier gilt es, sich vor Ort genau zu informieren und die entsprechenden Beschlüsse der Fachkonferenzen zu beachten.

Bewertung der Mitarbeit im Unterricht

Bewertungskriterien für die Selbsteinschätzung der Lernenden nutzen

Insbesondere die Mitarbeit im Unterricht, die sich aus mündlichen und schriftlichen Beiträgen (z. B. Unterrichtsmitschrift, Hausaufgaben) zusammensetzt, ist aus mehreren Gründen schwierig zu bewerten: So kann z. B. Lernenden nicht angesehen werden, ob sie tatsächlich aufmerksam sind oder Aufmerksamkeit vortäuschen. Auch können nicht immer alle Meldungen und alle schriftlichen Beiträge berücksichtigt werden. Selbst wenn sich die Lehrkraft regelmäßig nach jeder Stunde Notizen über die Mitarbeit macht, kann sie meist nur die allgemeine Qualität der Mitarbeit einschätzen. Zudem können vorgelesene Hausarbeiten abgeschrieben oder das Werk z. B. der Eltern sein. Hinzu kommt das Problem der sogenannten „stillen Lernenden". Diese folgen dem Unterrichtsprozess aufmerksam und antworten nach Ansprache qualifiziert, melden sich aber nicht von allein zu einem mündlichen Beitrag.

Regelmäßig Rückmeldungen geben

Bei all den Schwierigkeiten wird deutlich, dass die Einschätzung der Mitarbeit differenzierter Kriterien bedarf. Eine mögliche Liste von Beurteilungskriterien stellen z. B. DUIT ET AL. (2001) zusammen. Die Kriterien sollten mit den Lernenden besprochen werden und können von ihnen auch für eine Selbsteinschätzung genutzt werden. Damit die Lernenden ihre Mitarbeit verbessern können, ist es wichtig, dass sie eine regelmäßige Rückmeldung bezüglich ihres Leistungsstands erfahren (z. B. alle vier Wochen oder nach jeder Unterrichtseinheit).

Eine Zusammenstellung wichtiger Aspekte zur Begleitung und Bewertung von Lernprozessen zeigt die nachfolgende Checkliste.

Checkliste: Lernen begleiten und bewerten

1. Werden die allgemeinen Anforderungen an Leistungsüberprüfungen beachtet? (siehe THYSSEN (2025))
2. Sind Lehrziele transparent und durch adäquat repräsentiert?
3. Werden Rückmeldungen im Lernprozess von Leistungsbeurteilungen getrennt?
4. Werden Rückmeldungen im Lernprozess für differenzierte Rückmeldungen zum Lernerfolg genutzt?
5. Werden Fehler produktiv für ein tieferes Verstehen der Inhalte genutzt?
6. Ist eine Selbstevaluation der Ergebnisse durch die Lernenden im Unterricht verankert?
7. Werden Lernende unterstützt ihren Lernprozess aktiv zu steuern?
8. Sind die Bezugsnormen der Leistungsmessung genau bestimmt, bewusst gewählt und den Lernenden und Eltern transparent gemacht worden?
9. Werden möglichst viele Kompetenzbereiche und alle Anforderungsbereiche mit Lern- und Prüfaufgaben abgedeckt?
10. Sind die Vorgaben durch Richtlinien und Fachkonferenzbeschlüsse beachtet worden?
11. Wird mit Lernaufgaben gezielt für Prüfaufgaben geübt?
12. Werden individuelle Leistungszuwächse wertgeschätzt?
13. Wird die Mitarbeit im Unterricht regelmäßig bewertet und dokumentiert?
14. Wird die Selbstevaluation der Lernenden für die Bewertung von Leistungen genutzt?
15. Werden die Leistungen der mündlichen und schriftlichen Mitarbeit regelmäßig (nach jeder Unterrichtseinheit) rückgemeldet und mit der Klasse besprochen?
16. Wird die Bewertung von mündlichen (z. B. Präsentationen, Rollenspiele) und schriftlichen Arbeiten (z. B. Tests, Klassenarbeiten, Vorträge) exemplarisch in der Klasse besprochen?

5.2 Die Lehrleistung reflektieren und bewerten

Die Situation ist vertraut: Im Rahmen der schulpraktischen Ausbildung werden Unterrichtsstunden von einzelnen Teilnehmern gehalten, während alle anderen Seminarteilnehmer diese zusammen mit der Dozentin bzw. dem Dozenten beobachten. Anschließend kommt es zur Besprechung der Stunde. Dabei wird über die Planung oder das unterrichtliche Handeln aus biologiedidaktischer Perspektive nachgedacht, dieses wird bewertet und es werden Vorschläge gemacht, was anders hätte gemacht werden können. Nicht immer ist für die Teilnehmenden nachvollziehbar, warum gerade bei dieser Stunde dieser Aspekt angesprochen wurde, verlief doch bei der letzten Stunde die Diskussion ganz anders. Zudem kritisieren verschiedene Betreuer manchmal unterschiedliche Aspekte. Und vor allem bleibt unklar, wie die Kritik genutzt werden kann, damit die nächste Stunde, in der wieder ganz andere Inhalte vermittelt werden müssen, besser wird.

Voraussetzungen für eine sachgerechte Reflexion

Schnell wird an dem Beispiel klar: Wenn durch das Reflektieren über Unterricht etwas gelernt werden soll,

- wird erstens fachwissenschaftliches und fachdidaktisches Wissen und Können benötigt,
- sollte zweitens die Reflexion transparent, d.h. systematisch und nach bestimmten Kriterien, erfolgen,
- ist drittens eine kritische Distanz hilfreich,
- sollte viertens genau festgelegt werden, worauf sich die Reflexion bezieht.

Unterrichtsreflexion erfordert fachliches Wissen und Können

Voraussetzung jeder sachgerechten Reflexion des Unterrichts ist fundiertes *fachwissenschaftliches* und *fachdidaktisches Wissen und Können*. Nur wer die biologischen Inhalte verstanden hat, kann z.B. beurteilen, ob diese für den Unterricht adäquat ausgewählt wurden, was im Unterricht fachlich richtig präsentiert wurde und was nicht. Nur wenn fundiertes fachdidaktisches Wissen verfügbar ist, können die Elemente der didaktischen und methodischen Konstruktion identifiziert und deren Wert sowie ihre Vernetzung im Rahmen einer Unterrichtseinheit beurteilt werden. Wichtige Aspekte des fachwissenschaftlichen und fachdidaktischen Wissens und Könnens sind:

- das Verstehen von Begriffen und Konzepten (z.B. Basiskonzepte),
- deren Verknüpfungen sowie
- das Verstehen und Anwenden von Denk- und Arbeitsweisen der Biologie und ihrer Didaktik (vgl. Kap. 1).

Unterrichtsreflexion erfordert geeignete fachspezifische Kriterien

Fachspezifische Kriterien für die Reflexion von Biologieunterricht identifizieren

Ziel jeder Reflexion über die Qualität von Unterricht ist, ein möglichst großes Maß an Objektivität zu erlangen, d.h., die Reflexionsergebnisse sollen möglichst unabhängig von den Einflüssen der Untersucher oder der Untersuchungssituation sein. Deshalb werden in der Praxis oft fertige Beobachtungs- und Rückmeldebögen im Rahmen der Qualitätsentwicklung von Schule verwendet (z.B. IFS-Schulbarometer, SEISS o.J., ALTRICHTER/POSCH 2007, HELMKE ET AL. 2016); fachspezifische Aspekte werden dabei wenig berücksichtigt.

Qualitätsmerkmale des Biologieunterrichts

So bleibt die Frage, wie werden geeignete und gültige Kriterien für die Bewertung der Qualität von Biologieunterricht identifiziert? Schauen wir hierzu auf das dargestellte Rahmenmodell für Unterrichtsqualität im Biologieunterricht. Wir befinden uns bei der Identifizierung unserer Qualitätskriterien für den Biologieunterricht im Rahmenmodell nur bei der Rubrik Unterricht, d. h., wir befassen uns mit Unterrichtsqualität im engeren Sinne. In Kap. 1 werden wichtige Qualitätsmerkmale des Biologieunterrichts im engeren Sinne dargestellt (Checkliste guter Biologieunterricht).

Die dort vorgelegte Checkliste für guten Biologieunterricht enthält fachspezifische Merkmale. Diese erste Checkliste für guten Biologieunterricht enthält fachspezifische Merkmale und ist sicherlich nicht vollständig, so wurden allgemeindidaktische Aspekte wie die der Klassenführung, die natürlich auch für die Qualität des Biologieunterrichts relevant ist, nicht berücksichtigt. Auch ist die Checkliste nicht allgemeingültig für den Biologieunterricht, denn nach 40 Jahren Unterrichtsqualitätsforschung gibt es keine allgemeingültige Auffassung von *dem* guten Unterricht. Vielmehr spiegelt diese Checkliste unsere Auffassung von gutem Biologieunterricht wider. Die von uns formulierten Merkmale für guten Unterricht basieren auf dem Theorie- und Erfahrungswissen sowie den empirischen Befunden der Biologiedidaktik und unserer konstruktivistischen Sicht auf Lehren und Lernen (SPÖRHASE/MEISERT 2025). Darüber hinaus sind unsere Kriterien anschlussfähig an die Befunde der allgemeinen Didaktik, die ebenfalls Merkmalslisten für Unterrichtsqualität vorgelegt hat (z. B. HELMKE 2007, HELMKE und SCHRADER 2010, MEYER 2004). Empirisch belegt sind diese Listen von Unterrichtsqualitätsmerkmalen allerdings nicht.

Empirisch belegte Qualitätsfaktoren

Fachgemäße Arbeitsweisen fördern die Unterrichtsqualität

Eine empirische Fundierung ist allerdings wichtig, denn durch sie wird die Wirksamkeit der Kriterien zur Qualitätssicherung belegt. Auch können die Kriterienkataloge für guten Unterricht schnell endlos werden, weil Unterrichten so ein komplexes Feld ist. Deshalb kommt es darauf an, die wichtigsten Merkmale für die Unterrichtsqualität zu identifizieren, die empirisch belegt, d. h. nachweisbar sind. Wesentliche Hinweise darauf geben für den Biologieunterricht relevante Übersichtsarbeiten zur Unterrichtsqualität (Zusammenstellung in NEUHAUS 2007). Eine Übersichtsarbeit stellt die Metaanalyse von SEIDEL und SHAVELSON (2007) dar, die den Forschungsstand zum naturwissenschaftlichen Unterricht von zehn Jahren (1994 bis 2004) aufarbeiteten und dabei den Einfluss theoretischer Modelle des Lehrens und Lernens sowie den Einfluss von Forschungsdesigns und -methoden auf die Resultate berücksichtigten. Sie fanden heraus, dass fachspezifische Lernaktivitäten die größten Effekte (kognitiv, motivational, affektiv) auf den Lernprozess zeigen. Fachspezifische Unterrichtsmerkmale des Biologieunterrichts sind leider bisher empirisch wenig untersucht.

Ausgehend von dem fachdidaktischen Theoriewissen über die Unterrichtsqualität identifizierten WÜSTEN ET AL. (2008, 2010) anhand von Videoanalysen als fachspezifische Unterrichtsqualitätsmerkmale unter anderem:

- den Umgang mit Modellen,
- den Einsatz realer Objekte,
- die Berücksichtigung von Lernervorstellungen,
- die Herstellung des Alltagsbezugs,
- die inhaltliche Klarheit und Strukturiertheit und
- eine angemessene Komplexität.

Weiterführende Analysen des Theorie- und Erfahrungswissens der allgemeinen Didaktik und der Befunde der empirischen Bildungsforschung zeigen, dass folgende drei Aspekte für Unterrichtsqualität wesentlich sind: ein *lernerorientiertes Sozialklima*, eine *klare Strukturierung* und eine *kognitive Aktivierung* unter besonderer Berücksichtigung fachspezifischer Arbeitsweisen (FEICKE/SPÖRHASE 2012 und Abb. 34).

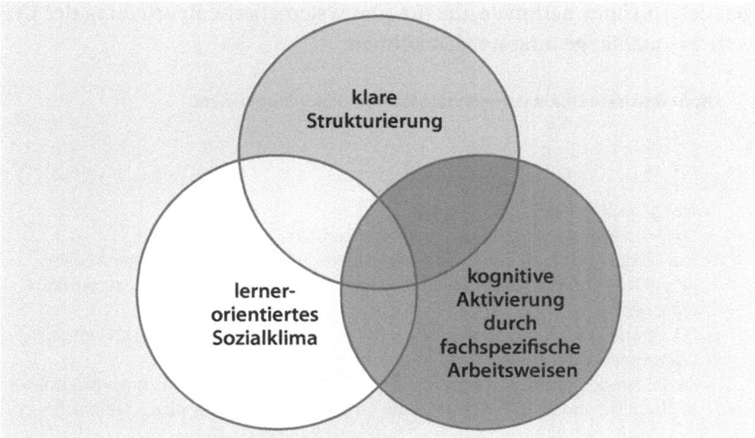

Abb. 34: Die drei wichtigsten Merkmale für Unterrichtsqualität im engeren Sinne

Das Merkmal *lernerorientiertes Sozialklima* umfasst Aspekte der Klassenführung und allgemeine Aspekte des Umgangs miteinander, z. B. gegenseitige Wertschätzung, Vereinbarung von Regeln, die Prävention von und den Umgang mit Störungen. Die Lernerorientierung kann durch Ziele, Inhalte, Methoden und das Instruktionsverhalten der Lehrperson gefördert werden.

Das Merkmal *klare Strukturierung* umfasst erstens die Strukturierung auf der Verhaltensebene (z. B. Klarheit der Rollen), zweitens eine Strukturierung aus Sicht der Kognitionspsychologie, die den Aufbau einer geordneten und komplexen Wissensstruktur durch Einsatz von Lernstrategien fördert, und drittens eine Strukturierung aus Sicht der Didaktik. Im Rahmen der didaktischen und methodischen Konstruktion von Unterricht werden alle drei Aspekte der Strukturierung berücksichtigt.

kognitive Aktivierung fördert Verstehen durch Nachdenken

Das Merkmal *kognitive Aktivierung* umfasst alle Aspekte des Handelns der Lehrperson, die auf ein eigenaktives und anspruchsvolles Lernen zielen und ein vertieftes Nachdenken über die Sache ermöglichen. Hierzu gehören eine Auseinandersetzung mit anspruchsvollen Aufgaben, Unterrichtsgespräche mit substanzieller Lernerbeteiligung und eine inhaltliche Kohärenz und Transparenz (vgl. CLAUSEN ET AL. 2003, PAULI ET AL. 2008, LIPOWSKI 2009, KLEINKNECHT 2010), die auch von WÜSTEN ET AL. (2008) gefordert wird. Eine Konkretisierung dieser drei wichtigsten Merkmale der Unterrichtsqualität wurde von FEICKE/SPÖRHASE (2012) vorgenommen. Diese Konkretisierungen liefern Untermerkmale, die für eine systematische Beurteilung der Unterrichtsqualität genutzt werden können.

Allgemeine Unterrichtsqualitätsmerkmale	Konkretisierte Qualitätsmerkmale für den Biologieunterricht
Lernerorientiertes Sozialklima	Wichtige Aspekte sind: • Das Sozialklima ist durch gegenseitige Wertschätzung geprägt. • Der Umgang mit konsistenten und gemeinsam ausgehandelten Verhaltensregeln und Ritualen gelingt (z. B. Umgang mit und Prävention von Störungen; Pausen; Hausaufgaben). • Die Lehrperson schafft Transparenz durch Formulierung ihrer Ziele und Erwartungen. • Die Lehrperson macht ihre Rolle im Lernprozess transparent. • Die Lernenden setzen sich selbstständig mit Inhalten auseinander, können eigenständig Handeln und über eine partizipative Entscheidungsfindung auf das Unterrichtsgeschehen einwirken.

Allgemeine Unterrichtsqualitätsmerkmale	Konkretisierte Qualitätsmerkmale für den Biologieunterricht
Klare Strukturierung	Die Planung und Durchführung des Unterrichts basiert auf einer sachlich korrekten didaktischen und methodischen Konstruktion; insbesondere • wird eine Vernetzung des Detailwissens durch Basiskonzepte und Rückblicke auf bereits Gelerntes sowie Ausblicke auf weitere Inhalte gefördert. • werden fachgemäße Denk- und Arbeitsweisen sachgerecht angewendet. • wird an das Vorwissen der Lernenden angeknüpft. • werden Interventionen zu Fehlvorstellungen eingesetzt. • wird eindeutig (Aufgabenklarheit) und sinnstiftend kommuniziert. • entstammen die Unterrichtskontexte dem Erfahrungsraum der Lernenden. • werden Fehler als Lernchance genutzt. • wird Gelerntes ausreichend geübt. • ist der Unterricht durch eine methodische Variabilität und Phasierung (Einstiegs-, Erarbeitungs-, Vertiefungs- und Ergebnissicherungsphasen) gekennzeichnet. • werden Fachbegriffe überlegt und sparsam eingeführt. • sind Ziele, Inhalte, Methoden und Medien auf einander abgestimmt. • wird das Wichtigste zusammengefasst. • werden Selbstkontroll- und Selbstregulationsstrategien eingesetzt (z. B. Rückmeldungen zur Lernleistung, Lerntagebuch). • werden die Lernenden gemäß ihrem individuellen Leistungsstand gefördert.
Kognitive Aktivierung	• Es findet eine Auseinandersetzung mit anspruchsvollen Aufgaben statt, z. B. durch Sichtbarmachen von Verständnisschwierigkeiten, Erbringen von Übertragungsleistungen, Anwenden der Basiskonzepte und einen handelnden Umgang mit Fachwissen in variablen Situationen. • Das Unterrichtsgespräch zeigt eine substanzielle Lernerbeteiligung, fordert zum Nachdenken auf und fördert ein vertieftes Verständnis, z. B. durch Fragen nach Beziehungen, den Umgang mit Modellen, den Einsatz realer Objekte, die Anwendung fachgemäßer Denk- und Arbeitsweisen sowie das Einfordern von Argumenten und Erklärungen. • Inhaltliche Kohärenz und Transparenz und eine angemessene Komplexität sind gegeben.

Tab. 16: Qualitätsmerkmale für den Biologieunterricht

Qualitätsmerkmale für die Unterrichtsreflexion: Auf Basis der drei empirisch belegten Qualitätsmerkmale und ihrer Konkretisierungen für den naturwissenschaftlichen Unterricht können fachspezifische Qualitätsmerkmale systematisiert und durch relevante Aspekte erweitert werden. Resultat ist eine Zusammenstellung von konkretisierten Unterrichtsqualitätsmerkmalen für den Biologieunterricht (siehe Tab. 16). Viele Konkretisierungen der Qualitätsmerkmale *klare Strukturierung* und *kognitive Aktivierung* können anhand der Planung einschließlich der Unterrichtsmaterialien beurteilt werden. Auch Aspekte des Merkmals *lernerorientiertes Sozialklima,* wie z. B.

eine transparente Unterrichtsgestaltung, Selbstständigkeit, Eigenständigkeit und die partizipative Teilhabe der Lernenden am Unterrichtsgeschehen, sind ebenfalls aus der Planung ersichtlich.

Aufgabe: Eigene Qualitätskriterien identifizieren
Die vorgelegte Liste der Unterrichtsqualitätskriterien ist lang. Kreuzen Sie zunächst an, welche Kriterien Sie für sinnvoll halten. Stellen Sie sich eine Liste der Kriterien zusammen, die Sie derzeit für Ihren Unterricht als am relevantesten erachten. Berücksichtigen Sie dabei alle drei Bereiche: klare Strukturierung, kognitive Aktivierung und lernerorientiertes Sozialklima. Es ist gut, wenn die Liste kurz ist (drei bis acht Kriterien), denn um ein Kompetenzwachstum zu spüren, ist es wichtig, sich nicht zu viel vorzunehmen. Dann kann man sich damit beschäftigen, warum man etwas tut, und kann es fachdidaktisch sachgerecht begründen.

Unterrichtsreflexion erfordert eine kritische Distanz

Reflexion braucht nicht nur Wissen und Können sowie theoretisch fundierte und evidenzbasierte Kriterien, sondern auch die nötige Distanz. Schließlich soll ein geplanter oder durchgeführter Unterricht unter die Lupe genommen und kritisiert werden. Dafür braucht es einen Blick von außen, ein gewisses Nicht-verstehen-Wollen als Motor, um z. B. zu prüfen, ob die vorliegende Konstruktion sinnvoll ist, wo ihre Schwächen und Stärken liegen.

Bei der Beurteilung einer fremden Planung oder der Beobachtung fremden Unterrichts ist schon eine gewisse Distanz vorhanden, denn wir versuchen, zu verstehen und Sinn in die Konstruktion zu bringen. Zudem sind damit auch keine eigenen Anstrengungen und kein eigenes „Herzblut“ verbunden, wodurch das Kritisieren leichter fällt. Die Beobachtung des eigenen Unterrichts hingegen ist aufgrund der Gleichzeitigkeit von Unterrichten und Beobachten besonders schwierig.

Das Annehmen einer anderen Rolle erleichtert den Perspektivwechsel

Perspektivwechsel: Um die nötige Distanz herzustellen, hilft es, einen Perspektivwechsel vorzunehmen und sich in die Situation der Lernenden zu versetzen, sich also z. B. zu fragen: Was wird aufgrund der unterrichtlichen Maßnahme gelernt? Sind Inhalt und Vorgehen interessant und machen sie Spaß? Wird etwas Neues entdeckt? Wird Kompetenzzuwachs erlebt?

Unterrichtsreflexion benötigt eine Fokussierung

Sinn jeder Reflexion ist es, etwas in Frage zu stellen und dadurch etwas Neues zu lernen, wodurch die nächste Aufgabe besser bewältigt werden kann. Da nicht alles zugleich gelernt werden kann, ist es wichtig, sich jeweils auf wesentliche Punkte zu beschränken und nicht alles in Frage zu stellen. In der Ausbildung hat es sich als praktikabel erwiesen, die im Rahmen der *didaktischen Konstruktion* konstruierten Lehrziele und deren Umsetzung im Rahmen der *methodischen Konstruktion* kritisch zu überprüfen und dabei auf die Stimmigkeit von Zielen, Inhalten, Methoden und Medien zu achten. Dies geht am einfachsten, wenn dafür die Stundenplanung unter die Lupe genommen und diese möglichst vor der zu haltenden Stunde optimiert wird. Auch ist die Kritik zur Planung leichter anzunehmen als zur Durchführung des Unterrichts, denn anders als beim Unterrichten, wo immer Persönlichkeitsmerkmale eine Rolle spielen, kann man bei der Planung viel leichter auf der sachlichen Ebene bleiben, was die persönliche Privatsphäre schützt.

Ziele und methodische Umsetzung prüfen

Unterricht vorbesprechen

Wir alle haben erfahren: Etwas zu wissen ist das eine, das Wissen korrekt in eine Handlung zu überführen, etwas anderes. Denken Sie nur an so einfache Aufgaben, wie eine Schrittfolge beim Tanzen zu erlernen. Beim Unterrichten ist das noch viel schwieriger, denn Unterrichten ist eine sehr komplexe Handlung, und es braucht Übung und Zeit, sein fachwissenschaftliches und fachdidaktisches Wissen in Können zu überführen. Deshalb ist es ganz normal, dass auch bei einer exzellent geplanten Stunde die Durchführung Mängel aufweisen kann. Um den Schritt vom Wissen zum Können zu befördern, ist es hilfreich, den Fokus jeweils auf verschiedene Lehrziele oder Aspekte des Handelns zu richten, die Sie besonders gut machen möchten, und diese gezielt zu üben. Diese können dann später zentrale Elemente der Reflexion des durchgeführten Unterrichts darstellen.

Umsetzungen gezielt üben

Betrachten wir das Unterrichtsqualitätsmerkmal *lernerorientiertes Sozialklima*, so können hier einfache Rituale helfen. Um z. B. Transparenz im Unterricht zu schaffen, können Sie jede neue Lehr-Lern-Sequenz beginnen, indem Sie sagen: „Wir haben bisher das und das gemacht, unser nächstes Ziel ist jetzt dieses.“ Um die Lernenden in den weiteren Unterrichtsgang einzubeziehen, können sie regelmäßig nach ihren Vorschlägen für die weitere Arbeit gefragt werden. Diese sollten dann natürlich auch im Unterrichtsgang berücksichtigt werden. Lernförderlich ist, sich zu fokussieren und zu den gewählten Aspekten durch die Reflexion eine Rückmeldung zu bekommen – und diese Aspekte zu perfektionieren. Fordern Sie gezielt von Ihren Betreuern mögliche Umsetzungen und üben Sie diese.

Leitfragen für die Reflexion

Auch bei einer Unterrichtsreflexion, die auf einer gemeinsamen Unterrichtsbeobachtung z. B. im Rahmen von Unterrichtsbesuchen erfolgt, ist es wichtig, zu fokussieren, denn nicht alles kann beobachtet werden.

Allgemeine Leitfragen für eine Reflexion sind:

- Was ist gut gelungen? (z. B.: gesetzte Kompetenzen, Lehrziele und methodische Umsetzung sinnvoll und erreicht?)
- Welches sind Gründe für das Gelingen?
- Hätte es auch noch Handlungsalternativen gegeben?
- Was ist nicht so gut gelungen?
- Welches sind Gründe für die auftretenden Probleme?
- Wie muss ich vorgehen, damit es das nächste Mal besser gelingt?
- Welche Hilfen brauche ich noch dafür?

Bei der Beantwortung der Leitfragen sind das Theorie- und Erfahrungswissen der *didaktischen* und *methodischen Konstruktion* sowie die *Qualitätsmerkmale des Biologieunterrichts* (vgl. Tab. 16) von zentraler Bedeutung.

Eine sachliche und ergebnisorientiere Fokussierung der Unterrichtsreflexion im oben beschriebenen Sinne liefert einen wichtigen Beitrag zur Qualität der Lernbedingungen angehender Lehrkräfte. Denn weil man sich beim Unterrichten stets mit seiner ganzen Person einbringt, besteht immer die Gefahr, dass die Kritik zu persönlich ausfällt oder zumindest so empfunden wird. Deshalb ist es wichtig – ganz entsprechend dem Qualitätsmerkmal *lernerorientiertes Sozialklima* – auch bei der Reflexion von Unterricht eine Atmosphäre der gegenseitigen Wertschätzung zu schaffen und auf die Wahrung der Privatsphäre aller zu achten.

Ablauf einer Unterrichtsreflexion

ALTRICHTER/POSCH (2007) haben ein Modell entworfen, mit dem Unterricht, d. h. Handlungen in komplexen Situationen, reflektiert werden kann. Nach diesem Modell besteht eine systematische Unterrichtsreflexion aus vier Schritten (siehe Randspalte).

Schritt 1: Reflexion vorbereiten

Bei der Vorbereitung geht es darum, die Bedingungen der Reflexion sorgfältig zu klären (siehe Kap. 5.1). Hierzu gehören insbesondere

- die Klärung der fachlichen und fachdidaktischen Aspekte des Unterrichts (didaktische und methodische Konstruktion),
- das Setzen von Schwerpunkten für die Reflexion, z. B. ausgewählt aus den Unterrichtsqualitätsmerkmalen (siehe Tab. 16),

- die Entwicklung von Fragestellungen. Wie z. B. findet eine Vernetzung von Detailwissen durch Basiskonzepte statt? Sind die Aufgaben den Lernenden klar geworden? Findet eine kognitive Aktivierung der Lernenden statt? Sind Ziele, Inhalte, Methoden und Medien aufeinander abgestimmt?

Reflexion in vier Schritten

Wichtige Schwerpunkte können sich natürlich auch aus den eigenen Erfahrungen ergeben.

Zum Beispiel könnte es Ihnen beim letzten Mal passiert sein, dass nicht alle Lernenden beim Mikroskopieren das zu untersuchende Präparat selbst einstellen konnten und dass viele Probleme bei der Erstellung einer Zeichnung hatten. Hier kann im Rahmen der methodischen Konstruktion ein bestimmtes Vorgehen ausgewählt und Hilfen für die Lernenden können vorbereitet werden. Eine Forschungsfrage wäre dann: Inwiefern war die methodische Konstruktion dafür geeignet, dass die Lernenden eigenständig das zu untersuchende Präparat mikroskopieren und dokumentieren konnten? Wenn die Schwerpunkte gesetzt und Fragestellungen formuliert sind, kommen wir zu Schritt 2.

Schritt 2: Vorliegende Daten verwenden, Unterricht durchführen und Daten erheben

Vor der Durchführung des Unterrichts liegen dessen Planung und die einzusetzenden Arbeitsmaterialien vor, hierbei handelt es sich um die schriftlichen Dokumente der Lehrkraft. Während des Unterrichts entstehen weitere schriftliche Daten, das sind zum einen weitere schriftliche Dokumente der Lehrkraft, z. B. Tafelbilder, Aufzeichnungen über die mündliche Mitarbeit usw., und die schriftlichen Dokumente der Lernenden, z. B. Heftaufzeichnungen, die auch als Hausarbeit mit in den Unterricht eingebracht werden können. Diese Daten können gleich dem Interpretationsprozess (Schritt 3) zugeführt werden.

Die anderen Daten zur Durchführung werden durch Beobachtung und Dokumentation des Unterrichtsprozesses erhoben. Prinzipiell kann dabei ähnlich wie beim kriteriengeleiteten Beobachten biologischer Phänomene vorgegangen werden (Otteni 2018). Dabei sollte einem bewusst sein, dass man nur das beobachtet, worauf man seine Aufmerksamkeit lenkt. Das ist auch der Grund dafür, dass wir uns meist nicht erinnern können, was wir alles auf unserem allmorgendlichen Weg zur Schule gesehen haben. Die in der Tab. 16 zusammengefassten Unterrichtsqualitätsmerkmale bieten sich für eine kriteriengeleitete Beobachtung an.

Beobachtet wird nur das, worauf man seine Aufmerksamkeit lenkt

Unterrichtsprotokoll

Für die Dokumentation der Unterrichtsprozesse können folgende Methoden eingesetzt werden:

- Unterrichtsprotokoll,
- teilnehmende Beobachtung und
- eine Audio- bzw. audiovisuelle Dokumentation.

Beim *Unterrichtsprotokoll* wird die Stunde in ihrem Verlauf möglichst objektiv ohne Wertungen dokumentiert. Dazu werden im Zeitverlauf das Verhalten der Lernenden und der Lehrkraft protokolliert, wichtige Aspekte sollten dabei möglichst im O-Ton erfasst und durch subjektive Feldnotizen ergänzt werden.

Die *teilnehmende Beobachtung* ist eine Forschungsmethode der Feldforschung im Bereich der Sozialwissenschaften. Mit dem Einsatz der Methode ist das Ziel verbunden, das Verhalten und/oder die Auswirkungen des Verhaltens einzelner Gruppenteilnehmer auf andere zu erforschen. Die persönliche Teilnahme, die ein unmittelbares Erfahren der Situation ermöglicht, wird in der theoretischen Fundierung dieser Methode als zwingend erachtet, um Aspekte des Handelns und Denkens zu beobachten, die z. B. durch eine audiovisuelle Dokumentation allein nicht erfassbar wären. Dabei schwankt die teilnehmende Beobachtung zwischen Nähe (Teilnahme) und Distanz (Beobachtung). Der Einsatz dieser Methode zur Untersuchung von Lehr-Lern-Prozessen wird z. B. bei SCHOLZ/BECK (1995) beschrieben.

Audio- oder audiovisuelle Medien ermöglichen eine möglichst objektive Dokumentation der Unterrichtsprozesse und sind deshalb vor allem auch für die Dokumentation des eigenen Unterrichts besonders geeignet. Der Vorteil einer alleinigen Dokumentation der Sprachäußerungen liegt sicher darin, dass das Lernerverhalten wenig beeinträchtigt wird und diese Methode ohne viel Aufwand gut eingesetzt werden kann, um vor allem die Äußerungen der Lehrkraft zu dokumentieren. Eine audio*visuelle* Dokumentation liefert darüber hinaus wichtige Informationen zur Körpersprache und zu nicht sprachlich gebundenen Verhaltensweisen.

Unterricht von Schülern anonym bewerten lassen

Die beschriebenen Methoden zielen auf eine Beobachtung und Dokumentation gezeigter Verhaltensweisen. Verborgen bleibt dabei, was Lernende im und über den Unterricht denken. Deshalb ist neben der beschriebenen Datenerhebung auch eine direkte *Rückmeldung der Lernenden* zum Unterricht sinnvoll. Diese kann z. B. als Einzelinterview, als Fragebogen, im Rahmen einer Gruppendiskussion oder im Rahmen eines Unterrichtsgesprächs eingeholt werden. Damit man eine ehrliche Rückmeldung erhält, sollte man darauf achten, dass möglichst die Anonymität der Lernenden gewahrt wird oder Kontexte geschaffen werden, welche den Lernenden die Angst vor Nachteilen durch die geäußerte Kritik nehmen. Bei Unterrichtsgesprächen wird dies durch den Einsatz bestimmter Rückmeldemethoden ermöglicht (siehe *Beispiele zur Erhebung von Rückmeldungen der Lernenden*).

Gruppendiskussionen können z. B. im Rahmen der Think-Pair-Share-Methode erfolgen. So ist es leicht, allgemeine und spezielle Rückmeldungen abzufragen und zu dokumentieren (Spörhase 2018b; Auflistung *Beispiele zur Erhebung von Rückmeldungen der Lernenden*). Ein Vorteil liegt hier darin, dass Gruppenmeinungen dargestellt und zusammengefasst werden können und dass die Verbesserung des Unterrichts zur gemeinsamen Sache werden kann. Lernende fühlen sich durch eine anonyme Befragung sicher am besten geschützt und trauen sich eher, ehrlich ihre Meinung zu äußern. Stellt man in dem Fragebogen nicht nur Multiple-Choice-, sondern auch offene Fragen, kann man eine differenzierte Rückmeldung zum Unterricht erhalten (Auflistung *Beispiele zur Erhebung von Rückmeldungen der Lernenden*). Allerdings braucht die Auswertung der Fragebögen gesonderte Zeit, weil sie nicht im Unterricht durchgeführt werden kann.

Beispiele zur Erhebung von Rückmeldungen der Lernenden

1. *Rückmeldung im Unterrichtsgespräch* anhand allgemeiner Leitfragen, z. B. „Was ist gut gelaufen, wo lagen Schwierigkeiten, was hätte man besser machen können?“ Hier können auch Methoden wie das Spinnennetz (Seiss o. J.) eingesetzt werden.
2. *Rückmeldungen mit Think-Pair-Share:* Wir haben uns in den letzten Wochen mit dem Sehen beschäftigt. Nutzt die Methode Think-Pair-Share, um zu diskutieren und dokumentieren:
   a. Was hat dir/euch am besten am Unterricht gefallen?*
   b. Was war schwierig zu verstehen? Nenne/nennt mögliche Gründe für deine/eure Verstehensprobleme.*
   c. Auch ich möchte etwas dazulernen. Gebt mir bitte einen Tipp, was ich hätte besser machen können.
   d. Am Ende der Unterrichtseinheit habt ihr euch damit auseinandergesetzt, was verschiedene Neuroprothesen zum Sehen leisten müssen, damit man mit ihrer Hilfe sehen kann. Fandest du / fandet ihr diese Aufgabenstellung sinnvoll? Begründe deine / begründet eure Meinung. Beginnt eure Antwort wie folgt:
      - *Ich fand die Aufgabenstellung sinnvoll, weil …*
      - *Ich fand die Aufgabenstellung nicht sinnvoll, weil …*
3. *Fragebogen zur Rückmeldung:* Aus den unter Punkt 2 formulierten Aspekten kann auch ein Fragebogen entwickelt werden. Fachunspezifische Fragebögen für Schülerrückmeldungen finden sich bei Seiss (o. J.)

* Hier kann auch eine konkrete Liste von durchgeführten Aufgaben zur Bewertung vorgeben werden.

Schritt 3: Interpretation der erhobenen Daten
Die Interpretation der Daten erfolgt auf Grundlage der Unterrichtsqualitätskriterien und der allgemeinen Leitfragen (siehe Tab. 16 und Abschnitt *Unterrichtsreflexion benötigt eine Fofussierung*). Wie oben schon beschrieben ist es sinnvoll, den Fokus auf wenige Fragestellungen zu lenken. Anhand der Protokolle, der Audio- oder audiovisuellen Dokumentation kann die Bewertung des Unterrichts durchgeführt werden. Die von der Lehrkraft und den Lernenden erstellten schriftlichen Daten sowie die während des Unterrichts erstellten Protokolle liegen direkt nach dem Unterricht vor. Die Audio- und audiovisuelle Dokumentation des Unterrichts kann genutzt werden, um ausgewählte Unterrichtsequenzen genauer zu untersuchen. (Eine Transkription der audio- oder audiovisuellen Dokumentation des Unterrichts wird man nur zu Forschungszwecken erstellen, da diese viel zu zeitintensiv für die tägliche Praxis ist.) Bei der Diskussion und Interpretation von gelungenen und nicht so gelungenen Unterrichtspassagen sollte sorgfältig zwischen Gründen in der Planung und beim unterrichtlichen Handeln unterschieden werden. Denn nur so können die richtigen Konsequenzen gezogen werden.

Schritt 4: Konsequenzen formulieren

! Planung optimieren und anschließend zentrale Qualitätsmerkmale auswählen

Damit die Reflexion gewinnbringend für die Kompetenzentwicklung genutzt werden kann, ist es wichtig, Konsequenzen für das weitere unterrichtliche Handeln zu formulieren. Konkret heißt dies, einerseits zu prüfen, inwiefern das gelungene Unterrichten auf andere Situationen übertragen werden kann, und hierfür Beispiele zu suchen, und andererseits die beobachteten Schwierigkeiten genauer unter die Lupe zu nehmen. Hier geht es darum, genau zu untersuchen, was besser gemacht werden kann, und dafür Lösungsvorschläge zu erarbeiten, die auf verschiedene Unterrichtssituationen übertragen werden können. Zielorientiert ist es, zunächst die Planung zu optimieren und bei der Durchführung Aspekte auszuwählen, die den Unterricht wesentlich verbessern und leicht umzusetzen sind, wie z. B. Rituale zur Schaffung von Transparenz im Unterricht und zur Einbeziehung der Lernenden.

Besonderheiten der Reflexion des eigenen Unterrichts

Prinzipiell sind die zuvor dargestellten Kriterien zur Reflexion des Unterrichts natürlich auch für die Reflexion des eigenen Unterrichts geeignet. Jedoch werden sich sicher aus den praktischen unterrichtlichen Erfahrungen Aspekte ergeben, die mit der eigenen Persönlichkeit und daher mit persönlichen Stärken und Schwächen verbunden sind. Hier ist es erfolgversprechend, aus den Fehlern zu lernen, seine Schwächen zu umschiffen und seine Stärken auszubauen, um so seinen eigenen Stil zu finden. Eine kritische Auseinandersetzung mit der eigenen Persönlichkeit als Lehrkraft kann hier helfen (siehe Auflistung am Kapitelende).

Natürlich ist es sehr schwierig, eine Distanz zu dem eigenen Unterricht herzustellen. Eine Audio- oder audiovisuelle Dokumentation des Unterrichts und Lernerrückmeldungen zum Unterricht helfen, sich ein objektiveres Bild vom eigenen Unterrichten zu machen. Insbesondere, wenn das eigene Handeln im Unterricht anhand einer audiovisuellen Dokumentation betrachtet werden kann, kann die Aufmerksamkeit ganz auf die Beobachtung des unterrichtlichen Geschehens gelenkt werden. Zudem entsteht eine Distanz, die eine kritische Selbstreflexion ermöglicht.

Bei der Beobachtung des eigenen Unterrichts ist die Herausforderung zu meistern, gleichzeitig zu unterrichten und zu beobachten. Dies ist machbar, indem die Auswirkungen des Handelns auf die Lernenden kritisch beobachtet und Wichtiges gleich während oder im Anschluss an die Stunde protokolliert wird. Bittet man zudem die Lernenden um gezielte Rückmeldungen zum durchgeführten Unterricht (Auflistung *Beispiele zur Erhebung von Rückmeldungen der Lernenden*), bekommt man ein objektiveres Bild von seinem Unterricht und kann gezielt Verbesserungen vornehmen. Hilfreich ist es, Möglichkeiten der Verbesserung direkt mit Lernenden und Kollegen zu diskutieren.

„Das hat die Welt nicht oft gesehn. Dass Lehrer selbst ans Lernen gehen.“ (BRECHT, Galileo Galilei)

Selbstbild als Biologielehrkraft reflektieren und Handlungsmöglichkeiten entwickeln

Wie wir als Lehrperson agieren, hängt von unserer eigenen Sicht auf Unterricht und das Fach Biologie ab. Wir haben eine sogenannte subjektive Theorie von Biologieunterricht erworben. Diese Theorie basiert auf unseren Überzeugungen, und sie beeinflusst, wie wir Sachverhalte erfassen und beschreiben. Das Nachdenken über die eigene Sicht auf Unterricht, auftretende Schwierigkeiten und die Entwicklung von Lösungsansätzen führt zu einer klareren fachdidaktischen Positionsbestimmung, denn die persönlichen Komponenten der getroffenen Entscheidungen werden einem bewusst. Dadurch fällt es dann leichter, zu begründen, warum man etwas tut. Hinzu kommt, dass auch jede Lehrperson ihre Stärken und Schwächen in den vielfältigen Bereichen der Biologie, der Naturwissenschaften insgesamt sowie bei der didaktischen und methodischen Konstruktion von Unterricht hat. Das Nachdenken über und das aktive Arbeiten an Stärken und Schwächen

Reflexion des eigenen Selbstbilds als Biologielehrerin/ Biologielehrer

führt zu mehr Sicherheit beim Unterrichten und fördert das Wachsen einer eigenen natürlichen Autorität. Dabei ist es nicht mit einem einmaligen Nachdenken über sein Selbstbild getan, beim wiederholten Nachdenken über die eignen Aufzeichnungen entwickelt sich das Selbstbild mit zunehmender Praxis immer weiter, und man kann seine Kompetenzentwicklung verfolgen. Mögliche Leitfragen für eine Selbstreflexion sind im Folgenden zusammengestellt.

Über das Selbstbild als Biologielehrkraft nachdenken

Allgemeines

- Was ist mir besonders wichtig als Biologielehrkraft (z. B. eine gute Beziehung zu meinen Lernenden zu haben, das Verhalten der Lernenden gut zu steuern und zu kontrollieren, Offenheit im Unterricht zuzulassen, Lernenden als Berater/-in zur Seite zu stehen, Biologieunterricht fachlich korrekt und didaktisch adäquat zu gestalten, die Lernenden auf ihrem Lernweg zu begleiten und zu fördern).
- Was interessiert mich / was interessiert mich nicht an der Biologie? Welche biologischen Inhalte, Denk- und Arbeitsweisen möchte ich meinen Lernenden vermitteln?
- Wann, wo und unter welchen Bedingungen habe ich viel über Biologie gelernt?
- Gelingt es mir, meine Vorstellungen und Pläne von Biologieunterricht umzusetzen? Welches sind die Gründe dafür?

Meine Stärken und Schwächen

- Welches sind meine Stärken/Schwächen bezogen auf mein fachliches Wissen und Können innerhalb der Biologie und den anderen Naturwissenschaften?
- Welches sind meine Stärken/Schwächen bezogen auf meine didaktische Kompetenz (z. B. didaktische Konstruktion, methodische Konstruktion, Auswahl von Aufgaben, fächerübergreifendes Arbeiten) für das Unterrichten von Biologie? Wo/wann habe ich Schwierigkeiten beim Unterrichten?
- Wann und wie gelingt es mir, Lernende für biologische Inhalte zu begeistern? Wann fällt es mir schwer?

Konsequenzen für meine Professionalisierung

- An welchen Haltungen und Einstellungen halte ich fest, welche möchte ich verändern? Welche Konsequenzen hätte das für meinen Unterricht?
- Welche Stärke(n) möchte ich weiter ausbauen? Wie kann das geschehen? Welche Konsequenzen hätte das für meinen Unterricht?
- Kann ich Schwächen kompensieren? Wenn ja, wie? Welche Konsequenzen hätte das für meinen Unterricht?

Literatur

Akpan, J. / Strayer, J. (2010): Which comes first: The use of computer simulation of frog dissection or conventional dissection as academic exercise? Journal of Computers in Mathematics and Science Teaching, 29 (2), 113–138.

Altrichter, H. / Posch, P. (2007): Lehrerinnen und Lehrer erforschen ihren Unterricht. Eine Einführung in die Methoden der Aktionsforschung. Bad Heilbrunn

Arnold, J. / Dannemann, S. / Gropengiesser, I. / Heuckmann, B. / Kahl, L. / Schaal, S. / … / Spörhase, U. (2019). Modell zur reflexiven gesundheitsbezogenen Handlungsfähigkeit aus biologiedidaktischer Perspektive: Didaktik. Biologie in unserer Zeit, 49 (4), 243–244.

Arnold, J. / Kremer, K. / Mayer, J. (2016): Concept Cartoons als diskursiv-reflexive Szenarien zur Aktivierung des Methodenwissens beim Forschenden Lernen. Zeitschrift für Didaktik der Biologie 20. Jg. 33–43.

Becker, G. E. (2007): Handlungsorientierte Didaktik, Teil 3. Unterricht auswerten und beurteilen. Weinheim

Berck, K.-H. (2005): Biologiedidaktik. Wiebelsheim: Quelle & Meyer

Birbaumer, N. / Schmidt, R. (2003): Biologische Psychologie (5. Auflage), Berlin, Heidelberg, New York: Springer.

Bittner, S. 2006): Das Unterrichtsgespräch. Bad Heilbrunn: Klinkhardt

Böttcher, F. / Meisert, A. (2011): Argumentation in Science Education: A Model-based Framework. Science & Education, 20 (2), 103–140

Brill, C. / Luster, M. / Meisert, A. (2016): Lernprozesse durch Visualisierungen gestalten. In: Schaper, C. (Hrsg.): Werkzeugkoffer Pädagogisches Handeln. Göttingen: Vandenhoeck&Ruprecht.

Clausen, M. / Klieme, E. / Reusser, K. (2003): Unterrichtsqualität auf der Basis hoch-inferenter Unterrichtsbeurteilungen. Unterrichtswissenschaft 31 (2), 122–141

dasGehirn.info (2011): Wie Hautrezeptoren auf Blindenschrift reagieren. https://www.dasgehirn.info/wahrnehmen/fuehlen/bild-wie-hautrezeptoren-auf-blindenschrift-reagieren (letzter Zugriff 05. 11. 2024)

De Jong, T. / Linn, M. C. / Zacharia, Z. C. (2013): Physical and virtual laboratories in science and engineering education. Science, 340 (6130), 305–308.

Develaki, M. (2007): The model-based view of scientific theories and the structuring of school programmes. Science Education, 16, 725–749

Dittmer, A. / Sass, B. (2018): Sprache bildet! Sprachsensibel Biologie unterrichten. UB, 437, 2–9.

Dorfner, T. / Förtsch, C. / Neuhaus, B. J. (2017): Die methodische und inhaltliche Ausrichtung quantitativer Videostudien zur Unterrichtsqualität im mathematisch-naturwissenschaftlichen Unterricht. Ein Review. ZfDN 23, 261–285.

DUIT, R. / HÄUSSLER, P. / PRENZEL, M. (2001): Schulleistungen im Bereich der naturwissenschaftlichen Bildung. In: WEINERT, F. E. (Hrsg.): Leistungsmessungen in Schulen. Weinheim, 169–186

ENZINGMÜLLER, C. ET AL. (2009): Einstellungen von Lehrkräften zur Verwendung von Fachsprache im naturwissenschaftlichen Unterricht. In: HARMS, U. / BOGNER, F. / GROPENGIESSER, H. ET AL. (Hrsg.): Heterogenität erfassen – individuell fördern im Biologieunterricht. Kiel: IPN, 248–249

FEIKE, J. / SPÖRHASE, U. (2012): Impulse aus der Didaktik zur Verbesserung von Patientenschulungen. Rehabilitation 50, 1–10

FRICKE, C. (2018): Lernplakat. In: SPÖRHASE, U. / RUPPERT, W. (Hrsg.): Biologie-Methodik. Handbuch für die Sekundarstufe I und II. Berlin: Cornelsen Scriptor, 210–213

FRICKE, C. / SPÖRHASE, U. (2018): Präsentieren. In: SPÖRHASE, U. / RUPPERT, W. (Hrsg.): Biologie-Methodik. Handbuch für die Sekundarstufe I und II. Berlin: Cornelsen Scriptor, S. 204–209

GALLIN, P. / RUF, U. (2003): Dialogisches Lernen in Sprache und Mathematik. Spuren legen – Spuren lesen. Unterricht mit Kernideen und Reisetagebücher. Seelze: Kallmeyer

GEBHARD, U. / HÖTTECKE, D. / REHM, M. (2017): Pädagogik der Naturwissenschaften. Ein Studienbuch. Wiesbaden: Springer VS.

GEBHARD, U. (2023): Die Lernenden: Schülerinnen und Schüler. In: GROPENGIESSER, H. & HARMS, U.: Fachdidaktik Biologie, S. 124–140.tion of science. Journal of Research in Science Teaching, 28, 73–79

GILBERT, S.W. (1991): Model building and a defini

GRAF, D. (2001): Welche Aufgabentypen gibt es? In: MNU 54 (7), 422–425

GRAF, E. (2004): Medien im Biologieunterricht. In: GRAF, E. (Hrsg.): Biologiedidaktik für Studium und Unterrichtspraxis. Donauwörth: Auer, 186–199

GREVING, J. / PARADIES, L. (2011): Unterrichtseinstiege. Berlin: Cornelsen Scriptor

GROPENGIESSER, H. (1997): Aus Fehlern beim Mikroskopieren lernen. In: Unterricht Biologie 21 (230), 46–47

GROPENGIESSER, H. (2002). Sehen – Schülervorstellungen, wissenschaftliche Theorie und deren Vermittlung. Unterrichtsanregung. Materialien des IPN zum BLK-Programm SINUS, http://sinus-transfer.uni-bayreuth.de/fileadmin/MaterialienDB/60/gropengiesser1.pdf (letzter Zugriff 08. 03. 2021)

GROPENGIESSER, H. (2013): Erkunden und Erkennen. In: GROPENGIESSER, H. / KATTMANN, U. (Hrsg.): Fachdidaktik Biologie. Köln: Aulis Deubner, 239–277

GROPENGIESSER, H. (2013): Experimentieren. In: GROPENGIESSER, H. / HARMS, U. / KATTMANN, U.: Fachdidaktik Biologie. Hallbergmoos: Aulis Verlag, 284–293.

GROPENGIESSER, H. (2007): Didaktische Rekonstruktion des „Sehens“. Wissenschaftliche Theorien und die Sicht der Schüler in der Perspektive der Vermittlung. Oldenburg: Didaktisches Zentrum

GROPENGIESSER, H. / KATTMANN, U. (Hrsg.) (2006): Fachdidaktik Biologie. Köln: Aulis

GROSSLIGHT, L. / UNGER, C. / JAY, E. / SMITH, C. L. (1991): Understanding models and their use in science: Conceptions of middle and high school students and experts. Journal of Research in Science Teaching, 28 (9), 799–822

HAMMANN, M. (2003): Aus Fehlern lernen. In: Unterricht Biologie, 27 (287), 31–35

HAMMANN, M. (2004): Kompetenzentwicklungsmodelle. Merkmale und ihre Bedeutung – dargestellt anhand von Kompetenzen beim Experimentieren. In: MNU 57 (4), 196–203

HAMMANN, M. (2006): Kompetenzförderung und Aufgabenentwicklung. In: MNU 59 (2), 85–95

HAMMANN, M. (2013): Vergleichen. In: GROPENGIESSER, H. / HARMS, U. / KATTMANN, U.: Fachdidaktik Biologie. Hallbergmoos: Aulis Verlag, 294–298.

HAMMANN, M. / ASSHOFF, R. (2019): Schülervorstellungen im Biologieunterricht. Ursachen für Lernschwierigkeiten (4. Auflage). Hannover: Friedrich Verlag GmbH.

HASCHER, T. / HOFMANN, F. (2008): Aufgaben – noch unentdeckte Potenziale im Unterricht. In: THONHAUSER, J. (Hrsg.): Aufgaben als Katalysatoren von Lernprozessen. Eine zentrale Komponente organisierten Lehrens und Lernens aus der Sicht der Lernforschung, allgemeiner Didaktik und Fachdidaktik. Münster: Waxmann, 47–63

HÄUSSLER, P. / BÜNDER, W. / DUIT, R. / GRÄBER, W. / MAYER, J. (1998): Naturwissenschaftliche Forschung. Perspektiven für die Unterrichtspraxis. Kiel

HATTIE, J. / TIMPERLEY, H. (2007): The power of feedback. Review of Educational Research, 77, 81–112.

HATTIE, J. (2014): Lernen sichtbar machen, überarbeitete deutschsprachige Ausgabe von „Visible Learning", besorgt von BEYWL, W. / ZIERER. Baltmannsweiler: Schneider Verlag Hohengehren.

HECKHAUSEN, H. (1974): Leistung und Chancengleichheit. Göttingen

HELMKE, A. (2007): Unterrichtsqualität erfassen, bewerten, verbessern. Seelze

HELMKE, A. ET AL. (2016): Checkliste für die Selbstreflexion „Unterricht aus Sicht der Lehrergesundheit" http://www.unterrichtsdiagnostik.info/media/files/EMUplus_Checkliste_Ich-Version.pdf (letzter Zugriff 08.03.2021)

HELMKE, A. / SCHRADER, F.-W. (2010): Merkmale der Unterrichtsqualität: Potenzial, Reichweite und Grenzen. In: SCHAAL, B. / HUBER, F. (Hrsg.): Qualitätssicherung im Bildungswesen. Auftrag und Anspruch der bayerischen Qualitätsagentur. Münster: Waxmann, 69–108

JATZWAUK, P. (2007): Aufgaben im Biologieunterricht – eine Analyse der Merkmale und des didaktisch-methodischen Einsatzes von Aufgaben im Biologieunterricht. Berlin: Logos

KATTMANN, U. (2005): Lernen mit anthropomorphen Vorstellungen? Ergebnisse von Untersuchungen zur Didaktischen Rekonstruktion in der Biologie. ZfDN 11, 165–174

KATTMANN, U. (2007): Didaktische Rekonstruktion – eine praktische Theorie. In: VOGT, H. / KRÜGER, D. (Hrsg.): Theorien in der biologiedidaktischen Forschung. Berlin: Springer, 93–104

KAUERTZ, A. / FISCHER, H. E. / MAYER, J. / SUMFLETH, E. / WALPUSKI, M. (2010): Standardbezogene Kompetenzmodellierung in den Naturwissenschaften der Sekundarstufe I. ZfDN 16, 135–153

KEOGH, B. / NAYLOR, S. (1999): Concept cartoons, teaching and learning in science: an evaluation. International Journal of Science Education, 21 : 4, 431–446.

KLAFKI, W. (1996). Neue Studien zur Bildungstheorie und Didaktik. Zeitgemäße Allgemeinbildung und kritisch-konstruktive Didaktik. 4. Auflage. Weinheim: Beltz.

KLEINKNECHT, M. (2010): Kognitive Aktivierung und Strukturierung durch Aufgaben – Analyse und Weiterentwicklung der unterrichtlichen Aufgabenkultur. In: BOHL, T. / KANSTEINER-SCHÄNZLIN, K. / KLEINKNECHT, M. ET AL. (Hrsg.): Selbstbestimmung und Classroom-Management. Empirische Befunde und Entwicklungsstrategien zum guten Unterricht. Bad Heilbrunn, 179–190

KLIEME, E. (2004): Was sind Kompetenzen und wie lassen sie sich messen? Pädagogik 6, 10–13

KLIEME, E. (2020): Guter Unterricht – auch und besonders unter Einschränkungen der Pandemie? In: FICKERMANN, D. / EDELSTEIN, B. (Hrsg.): „Langsam vermisse ich die Schule …“ – Schule während und nach der Corona-Pandemie. Die Deutsche Schule, Beiheft 16, S. 117–135.

KLIEME, E. ET AL. (2003): Zur Entwicklung nationaler Bildungsstandards. Eine Expertise. Bonn: BMBF

KMK (2020): Bildungsstandards im Fach Biologie für die Allgemeine Hochschulreife. https://www.kmk.org/fileadmin/Dateien/veroeffentlichungen_beschluesse/2020/2020_06_18-BildungsstandardsAHR_Biologie.pdf (letzter Zugriff 05. 11. 2024)

KMK (2024): Weiterentwickelte Bildungsstandards in den Naturwissenschaften für das Fach Biologie (MSA). Beschluss vom 16.12.2004i.d.F. vom 13.6.2024. Online abrufbar unter https://www.kmk.org/fileadmin/veroeffentlichungen_beschluesse/2024/2024_06_13-WeBiS_Biologie_MSA.pdf (letzter Zugriff 05.11.2024)

KÖHLER, K. (2012a): Nach welchen Prinzipien kann Biologieunterricht gestaltet werden? In: SPÖRHASE-EICHMANN, U. / RUPPERT, W. (Hrsg): Biologie-Didaktik. Berlin: Cornelsen Scriptor, 112–129

KÖHLER, K. (2010c): Welche Medien werden im Biologieunterricht genutzt. In: SPÖRHASE, U. / RUPPERT, W. (Hrsg.): Biologie-Didaktik. Berlin: Cornelsen Scriptor, 160–182

KÖHLER, K. / MEISERT, A. (2012b): Welche Erkenntnismethoden sind für den Biologieunterricht relevant? In: SPÖRHASE, U. / RUPPERT, W. (Hrsg): Biologie-Didaktik. Berlin: Cornelsen Scriptor, 146–159

KÖHLER K.-H. (2019): Welche Erkenntnisse sind für den Biologieunterricht relevant? In: SPÖRHASE, U. / RUPPERT, W. (Hrsg.): Biologie-Didaktik. Berlin: Cornelsen Scriptor, 130–148.

KRELL, M. (2018): Schwierigkeitserzeugende Aufgabenmerkmale bei Multiple-Choice-Aufgaben zur Experimentierkompetenz im Biologieunterricht: Eine Replikationsstudie. ZfDN, 24, 1–15.

KREMER, B. P. (2005): 1×1 der Mikroskopie. Ein Praktikum für Anfänger. Stuttgart: Franckh-Kosmos

KRÜGER, D. (2007): Die Conceptual Change Theorie. In: VOGT, H. / KRÜGER, D. (Hrsg.): Theorien in der biologiedidaktischen Forschung. Berlin: Springer, 81–92

KULGEMEYER, C. / SCHECKER, H. (2009): Kommunikationskompetenz in der Physik. Zur Entwicklung eines domänenspezifischen Kommunikationsbegriffs. ZfDN 15, 131–153

KUNTER, M. / TRAUTWEIN, U. (2013): Psychologie des Unterrichts. Paderborn: Ferdinand Schöningh.

LABUDDE, P. (2008): Naturwissenschaften vernetzen – Horizonte erweitern: Fächerübergreifender Unterricht konkret. Seelze-Velber: Kallmeyer & Klett

LABUDDE, P. (2010): Fachdidaktik Naturwissenschaft. Bern: Haupt-UTB

LEISEN, J. (2006): Aufgabenkultur im mathematisch-naturwissenschaftlichen Unterricht. MNU 59 (5), 260–266

LEISEN, J. (2015): Fachlernen und Sprachenlernen! Bringt zusammen, was zusammengehört! MNU 68/3,132–137.

LEISEN, J. (2016): Sprachsensibler Fachunterricht. http://download.sprachsensiblerfachunterricht.de/folien1/02%20Vortragsfolien%20-%20Sprachsensibler%20Fachunterricht%20-%20PDF%20-%202016.pdf (letzter Zugriff 08.03.2021)

LIPOWSKY, F. (2009): Unterricht. In: WILD, E. / MÖLLER, J. (Hrsg.): Pädagogische Psychologie. Berlin, Heidelberg, 73–101

MARTIAL, I. VON (2005): Unterrichtsmedien. In: MARTIAL, I. VON / LADENTHIN, V. (Hrsg.): Medien im Unterricht. Baltmannsweiler: Schneider Hohengehren, 15–26

MAYER, J. (2007): Erkenntnisgewinnung als wissenschaftliches Problemlösen. In: KRÜGER, D. / VOGT, H. (Hrsg.): Theorien in der biologiedidaktischen Forschung. Berlin: Springer, 177–186

MAYER, J. (2013): Erkenntnisse mit naturwissenschaftlichen Methoden gewinnen. In: GROPENGIESSER, H. / HARMS, U. / KATTMANN, U.: Fachdidaktik Biologie. Hallbergmoos: Aulis Verlag, 56–61.

MAYER, J. / ZIEMEK, H.-P. (2006): Offenes Experimentieren. Unterricht Biologie, 30 (317), 4–12.

MAYER, R. E. (2009): Multimedia learning (2nd ed). New York: Cambridge University Press

MEIER, U. / BOHL, T. / KLEINKNECHT, M. / METZ, K. (2013): Allgemeindidaktische Kriterien für die Analyse von Aufgaben. In: KLEINKNECHT, M. / BOHL, T. / MEIER, U. / METZ, K. (Hrsg.): Lern- und Leistungsaufgaben im Unterricht. Fächerübergreifende Kriterien zur Auswahl und Analyse, 9–46. Bad Heilbrunn: Julius Klinkhardt.

MEISERT, A. (2008): Vom Modellwissen zum Modellverständnis – Elemente einer umfassenden Modellkompetenz und deren Fundierung durch lernerseitige Kriterien zur Klassifikation von Modellen. ZfDN 12, 243–261

MEISERT, A. (2009): Modelle in der Biologie. Wie lässt sich im Unterricht ein Verständnis für ihre Bedeutung fördern? MNU 62(7), 424–430

MEISERT, A. (2012): Wie kann Biologieunterricht geplant werden? In: SPÖRHASE, U. (Hrsg): Biologie-Didaktik. Berlin: Cornelsen Scriptor, 241–263

MEISERT, A. (2014) Modellverständnis fördern. Unterricht Biologie 38 (397/398), 76–80.

MEISERT, A. (2019): Wie kann Biologieunterricht geplant werden? In: SPÖRHASE, U. / RUPPERT, W. (Hrsg.): Biologie-Didaktik. Berlin: Cornelsen Scriptor, 241–263.

MEISERT, A. (2025): Wie kann Biologieunterricht geplant werden? In: SPÖRHASE, U. / MEISERT, A. (Hrsg.): Biologie Didaktik. Berlin: Cornelsen Scriptor.

MERCER, N. / WEGERIF, R. / MAJOR, L. (2019): The Routledge international handbook of research on dialogic education. Abingdon, New York: Routledge.

MEYER, H. (1990): Modelle. Unterricht Biologie 14 (160), 4–10

MEYER, H. (2007): Unterrichtsmethoden II: Praxisband. Berlin: Cornelsen Scriptor

MEYER, H. (2011): Unterrichtsmethoden II: Praxisband (14. Auflage). Berlin: Cornelsen Scriptor.

MEYER, H. (2014): Was ist guter Unterricht? (10. Auflage). Berlin: Cornelsen Scriptor

MEYER, H. (2016): Unterrichtsmethoden I: Theorieband (16. Auflage). Berlin: Cornelsen Scriptor

MIKELSKIS, H. F. (2006): Physik-Didaktik. Berlin: Cornelsen Scriptor

MINISTERIUM FÜR SCHULE UND BILDUNG DES LANDES NRW (2019). Kernlehrplan für die Sekundarstufe I Gymnasium in Nordrhein-Westfalen. Heft 3413. Düsseldorf: MSB.

NATIONALE AKADEMIE DER WISSENSCHAFTEN LEOPOLDINA (2017): Evolutionsbiologische Bildung in Schule und Universität. Halle (Saale): Deutsche Akademie der Naturforscher Leopoldina e. V.

NEUHAUS, B. (2007): Unterrichtsqualität als Forschungsfeld für empirische biologiedidaktische Studien. In: KRÜGER, D. / VOGT, H. (Hrsg.): Theorien in der biologiedidaktischen Forschung. Berlin: Springer, 243–254

NEUWEG, G. (2005): Emergenzbedingungen pädagogischer Könnerschaft. In: HEID, H. / HARTEIS, C. (Hrsg.): Verwertbarkeit. Ein Qualitätskriterium (erziehungs-)wissenschaftlichen Wissens? Wiesbaden: VS Verlag für Sozialwissenschaften, 205–228.

OTTENI, M. (2018): Beobachten. In: SPÖRHASE, U. / RUPPERT, W. (Hrsg.): Biologie-Methodik. Handbuch für die Sekundarstufe I und II. Berlin, 103–108

PAIVIO, A. (1977): Images, Propositions, and Knowledge. In: NICHOLAS, J. (Hrsg.): Images, Perception, and Knowledge. Dordrecht/Boston: Reidel Publishing, 47–71

PAULI, C. / DROLLINGER-VETTER, B. / HUGENER, I. ET AL. (2008): Kognitive Aktivierung im Mathematikunterricht. Zeitschrift für Pädagogische Psychologie 22 (2), 127–133

PENNER, D. E. / GILES, N. D. / LEHRER, R. / SCHAUBLE, L. (1997): Building functional models: Designing an elbow. Journal of Research in Science Teaching 34 (2), 125–143

PETER, E. (2004): Mikroskopieren lernen. In: Lernchancen 7 (42), 22–29

PETERSSEN, W. (2000): Handbuch Unterrichtsplanung. München: Oldenbourg

PUENTEDURA, R. (2006): Transformation, technology and education. http://hippasus.com/resources/tte/ (letzter Zugriff 08.03.2021)

QUIBELDEY-CIRKEL, K. (2018): Lehren und Lernen mit mobilen Endgeräten. In: DE WITT, C. / GOERFELD, C. (Hrsg): Handbuch Mobile Learning. Wiesbaden: Springer VS (eBook), 809–839.

RANDLER, C./EKLER, S./TEMPEL, B./REHM, M. (2015): Missachtete Aspekte der Experimentierkompetenz. In: MNU 68/5, 260–264.

REHM, M. / STÄUDEL, L. (2010): Nature of Science. Erwartungen und Ansätze. Unterricht Chemie 21, Nr. 118/119, 14/15.

RHEINBERG, F. (2008): Bezugsnormen und die Beurteilung von Lernleistung. In: SCHNEIDER, W. / HASSELHORN, M. (Hrsg.): Handbuch der pädagogischen Psychologie. Göttingen: Hogrefe, 178–186

RIEMEIER, T. (2014): Erhebung und Berücksichtigung von Schülervorstellungen. In: SPÖRHASE, U. / RUPPERT, W. (Hrsg): Biologie-Methodik. Berlin: Cornelsen Scriptor, 29–35

RUPPERT, W. (im Druck): Welches Interesse haben Schüler an biologischen Themen? In: SPÖRHASE, U. / RUPPERT, W. (Hrsg): Biologie-Didaktik. Berlin: Cornelsen, 94–111

SCHAAL, S. (2017): Man sieht den Wald vor lauter Bäumen nicht. Wie digitale Medien für den Biologieunterricht ausgewählt werden. Unterricht Biologie, 429, 46–47.

SCHAAL, S./SPANNAGEL, C./VOGEL, M. (2013): Mehr als eine Rechenmaschine – Computer im mathematisch-naturwissenschaftlichen Unterricht. In: EBNER, M. / SCHAFFERT, S. (Hrsg.), L3T – Lehrbuch zum Lehren und Lernen mit Technologien. http://l3t.eu (letzter Zugriff 05.11.2024)

SCHOLZ, G. / BECK, G. (1995): Beobachten im Schulalltag. Ein Studien- und Praxisbuch. Frankfurt

SCHULZ VON THUN, F. (2009): Miteinander reden 1 – Störungen und Klärungen. Allgemeine Psychologie der Kommunikation. 47. Aufl. Hamburg: Rowohlt

SCHMIDKUNZ, H. / LINDEMANN, H. (1992): Das Forschend-entwickelnde Unterrichtsverfahren/Problemlösen im naturwissenschaftlichen Unterricht. Essen: Westarp Wissenschaften

SCHRENK, M. / GROPENGIESSER, H. / GROSS, J. / HAMMANN, M. / WEITZEL, H. / ZABEL, J. (2019): Schülervorstellungen im Biologieunterricht. In: GROSS, J. / HAMMANN, M. / SCHMIEMANN, P. / ZABEL, J. (Hrsg.): Biologiedidaktische Forschung: Erträge für die Praxis. Springer.

SCHWANEWEDEL, J./OSTERMANN, A./WEIGAND, H.-G. (2018): Medien sind gut! Gut für was? Funktionen von Medien im Fachunterricht. In: ROPOHL, M. / LINDMEIER, A. / HÄRTIG, H. / KAMPSCHULTE, L. / MÜHLING, A. / SCHWANEWEDEL, J. (Hrsg.): Medieneinsatz im mathematisch-naturwissenschaftlichen Unterricht. Fachübergreifende Perspektiven auf zentrale Fragestellungen (S. 14–37). Hamburg: Joachim Herz Stiftung.

SEIDEL, T. / SHAVELSON, R. J. (2007): Teaching Effectiveness Research in the Past Decade: The Role of Theory and Research Design in Disentangling Meta-

Analysis Results. Review of Educational Research 77 (4), 454–499

SEISS, K. (o. J.): Methodix – Ein Inventar von Evaluationsmethoden für den Unterricht, https://www.sachsen.schule/~profil-q/materialien_frei/Methodix.pdf (letzter Zugriff am 05. 11. 2024)

SPIRO, R. / COULSON, R. / FELTOVICH, P. / ANDERSON, D. (1988). Cognitive flexibility theory: Advanced knowledge acquisition in ill-structured domains. In: PATEL, V. (ed.): Proceedings of the 10th Annual Conference of the Cognitive Science Society. Hillsdale, NJ: Erlbaum

SPÖRHASE, U. (2018a): Methoden im Biologieunterricht. In: SPÖRHASE, U. / RUPPERT, W. (Hrsg): Biologie-Methodik. Handbuch für die Sekundarstufe I und II. Berlin: Cornelsen Scriptor, 10–29

SPÖRHASE, U. (2018b): Think – Pair – Share. In: SPÖRHASE, U. / RUPPERT, W. (Hrsg.): Biologie-Methodik. Handbuch für die Sekundarstufe I und II. Berlin: Cornelsen Scriptor, 214–215

SPÖRHASE, U. / RUPPERT, W. (2018) (Hrsg.): Biologie-Methodik. Berlin: Cornelsen Scriptor

SPÖRHASE, U., MEISERT, A. (2025) (Hrsg.): Biologie Didaktik. Praxishandbuch für die Sekundarstufe I und II. Berlin: Cornelsen Verlag, im Druck

STAATSINSTITUT FÜR SCHULQUALITÄT UND BILDUNGSFORSCHUNG (ISB)(2020): Lehrplan PLUS für Gymnasien. Fachprofil Biologie. https://www.lehrplanplus.bayern.de/fachprofil/gymnasium/biologie (letzter Zugriff 08. 03. 2021)

STACHOWIAK, H. (1980): Der Weg zum Systematischen Neopragmatismus und das Konzept der Allgemeinen Modelltheorie. In: STACHOWIAK, H. (Hrsg.): Modelle und Modelldenken im Unterricht. Heilbrunn: Klinkhardt, 9–49

STAECK, L. (1995): Zeitgemäßer Biologieunterricht. Berlin: Cornelsen

STAECK, L. (1998): Praktisches Arbeiten im Biologieunterricht. Teil 6: Das Mikroskopieren. Biologie in der Schule, 47 (6), 321–325

STARAUSCHEK, E. (2006): Zur Rolle der Sprache beim Lernen von Physik. In: MIKELSKIS, H. F. (Hrsg.): Physik-Didaktik. Berlin: Cornelsen Scriptor, 183–196

STEFFENSKY, M. / NEUHAUS, B. J. (2018): Unterrichtsqualität im naturwissenschaftlichen Unterricht. In: D. KRÜGER / I. PARCHMANN / H. SCHECKER (Hrsg.): Theorien in der naturwissenschaftsdidaktischen Forschung, 299–313, Berlin: Springer.

SUWELACK, W. (2010): Lehren und Lernen im kompetenzorientierten Unterricht. MNU 63(3), 176–182

SWELLER, J. / MERRIËNBOER, J. VAN / PAAS, F. (1998): Cognitive architecture and instructional design. Educational Psychology Review 10, 251–296

THYSSEN, C. (2025): Wie lässt sich Lernen begleiten und evaluieren? In: SPÖRHASE, U., MEISERT, A. (Hrsg.): Biologie Didaktik. Praxishandbuch für die Sekundarstufe I und II. Berlin: Cornelsen Verlag, im Druck

TULODZIECKI, G. / HERZIG, B. (2010): Mediendidaktik. Medienverwendung in Lehr- und Lernprozessen. München: Kopäd

UPMEIER ZU BELZEN, A. / KRÜGER, D. (2010): Modellkompetenz im Biologieunterricht. ZfDN 16, 41–57

VOGT, H. / KRÜGER D. (Hrsg.) (2007): Theorien in der biologiedidaktischen Forschung. Berlin: Springer, 97–106

VON AUFSCHNAITER, C. / CAPPELL, J. / DÜBBELDE, G. / ENNEMOSER, M. / MAYER, J. / STIENSMEIER-PELSTER, J. / STRÄSSER, R. / WOLGAST, A. (2015): Diagnostische Kompetenz. Theoretische Überlegungen zu einem zentralen Konstrukt der Lehrerbildung. In: Zeitschrift für Pädagogik 61 (5), 738–758

VON AUFSCHNAITER, C. / FRAIJ, A. / KOST, D. (2019): Reflexion und Reflexivität in der Lehrerbildung. Herausforderung Lehrer_innenbildung, 2 (1), 144–159.

WAGENSCHEIN, M. (2010): Verstehen lehren: genetisch, sokratisch, exemplarisch. Weinheim, Basel: Beltz.

WEINERT, F. E. (2001): Leistungsmessungen in Schulen. Beltz: Weinheim und Basel

WEITZEL, H. (2012): Wie kann Unterricht Vorstellungsänderungen bewirken? In: SPÖRHASE, U. (Hrsg.): Biologie-Didaktik. Berlin: Cornelsen Scriptor, 82–91.

WEITZEL, H. (2012a): Welche Bedeutung haben vorunterrichtliche Vorstellungen für das Lernen? In: SPÖRHASE, U. / RUPPERT, W. (Hrsg): Biologie-Didaktik. Berlin: Cornelsen Scriptor, 62–81

WEITZEL, H. (2014) Modelle im Biologieunterricht. Unterricht Biologie 38 (397/398), 1–11

WEITZEL, H. (2018): Concept Cartoons. In: SPÖRHASE, U. / RUPPERT, W. (Hrsg.): Biologie-Methodik. Handbuch für die Sekundarstufe I und II. (4. Auflage). Berlin: Cornelsen Verlag GmbH, 191–193.

WEITZEL, H. / BLANK, R. (2019): Pedagogical Content Knowledge in Peer Dialogues between Pre Service Biology Teachers in the Planning of Science Lessons. Results of an Intervention Study. Journal of Science Teacher Education, 31(1), 75–93.

WEITZEL, H. (2020): Mit digitalen Medien den Mikrokosmos erobern. Unterricht Biologie.

WEITZEL, H. (2025): Wie können Vorstellungen für Lernprozesse fruchtbar gemacht werden? In: SPÖRHASE, U. & MEISERT, A. (Hrsg.): Biologie Didaktik. Praxishandbuch für die Sekundarstufe I und II. Berlin: Cornelsen Verlag, im Druck

WÜSTEN, S. / SCHMELZING, S. / SANDMANN, A. ET AL. (2008): Unterrichtsqualitätsmerkmale im Fach Biologie. In: KRÜGER, D. / UPMEIER ZU BELZEN, A. / RIEMEIER, T. ET AL. (Hrsg.): Erkenntnisweg Biologie-Didaktik 7. Hannover, 145–158, https://www.bcp.fu-berlin.de/biologie/arbeitsgruppen/didaktik/Erkenntnisweg/2008/2008_10_Wuesten.pdf (letzter Zugriff am 05. 11. 2024)

WÜSTEN, S. / SCHMELZING, S. / SANDMANN, A. ET AL. (2010): Sachstrukturdiagramme – eine Methode zur Erfassung inhaltsspezifischer Merkmale der Unterrichtsqualität im Biologieunterricht. ZfDN 16, 23–39

Register